◆ 湖北水安全研究丛书 ◆

江汉平原
水安全战略研究

李瑞清 等／编著

JIANGHANPINGYUANSHUIANQUANZHANLUEYANJIU

长江出版社
CHANGJIANG PRESS

图书在版编目(CIP)数据

江汉平原水安全战略研究 / 李瑞清等编著.—武汉：
长江出版社,2019.7
(湖北水安全研究丛书)
ISBN 978-7-5492-6600-5

Ⅰ.①江… Ⅱ.①李… Ⅲ.①江汉平原－水资源管理－
安全管理－研究 Ⅳ.①TV213.4

中国版本图书馆 CIP 数据核字(2019)第 151962 号

江汉平原水安全战略研究   李瑞清等 编著

责任编辑：郭利娜
装帧设计：刘斯佳
出版发行：长江出版社
地　　址：武汉市解放大道 1863 号   邮　　编：430010
网　　址：http://www.cjpress.com.cn
电　　话：(027)82926557(总编室)
　　　　　　(027)82926806(市场营销部)
经　　销：各地新华书店
印　　刷：武汉精一佳印刷有限公司
规　　格：787mm×1092mm　　　　　1/16　　　　14.5 印张　　　　266 千字
版　　次：2019 年 7 月第 1 版　　　　　　　　　2019 年 7 月第 1 次印刷
ISBN 978-7-5492-6600-5
定　　价：86.00 元

《江汉平原水安全战略研究》

编写人员

李瑞清　　许明祥　　宾洪祥　　别大鹏

刘贤才　　孙国荣　　彭习渊　　雷新华

周　明　　翁朝晖　　常景坤

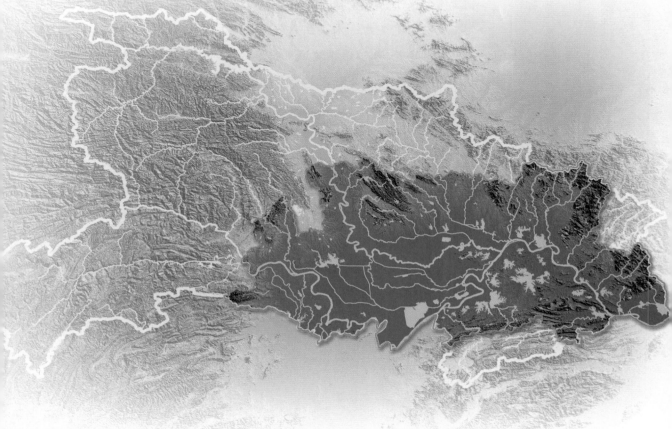

序一

　　水是制约人类经济社会发展的最大资源瓶颈，水危机始终是世界各国安全的心腹之患。1972 年 6 月，联合国第一次人类与环境会议在瑞典首都斯德哥尔摩召开。会议指出：石油危机之后下一个危机便是水。28 年后的 2000 年，依然是在瑞典首都斯德哥尔摩，国际水讨论会在这里召开。就是在这次会议上，首次提出了"水安全"一词。联合国将水安全定义为：人类生存发展所需的有量与质保障的水资源、能够维系流域可持续的人与生态环境健康、确保人民生命财产免受水灾害（洪水、滑坡和干旱）损失的能力。

　　前些年，我作为国际水资源协会主席，参加了联合国秘书长水战略相关的智库和咨询工作。2014 年，德国施普林格出版社出版《水与人类：再论水安全》，其中给出了全球范围水资源压力的图景。总体来看，当前受到最高量级水资源压力（大于40%）的陆地面积已占到全球陆地总面积的 30%，到 2050 年将攀升到 50%；目前受到最高量级水资源压力的全球人口为25亿，约占全球总人口的36%，到2050年将升到47亿，占全球90亿人口中的52%。当前，全球经济总量受到最高量级水资源压力影响的比例已达到22%，到2050年这一数值将上升到45%。

对中国而言，水资源安全的压力更为显著。由我主持的、与项目科研团队共同完成的"中国东部季风区气候变化影响与水资源安全适应对策研究"（国家"973"项目成果）得出了一些认识。占全国总人口95%、国土面积近一半的中国东部季风区，90%处在水资源比较脆弱和严重脆弱的状态；在未来气候变化影响下，2030—2050年东部季风区需水量进一步增加；根据2030年水资源需求关系预测分析，长江区新增需水313亿立方米，中下游及南水北调中线水源地的汉江脆弱性加大；未来不同的气候变化情景下，我国东部季风区较脆弱和严重脆弱的区域将明显扩大，特别是南方和长江流域增加较多。因此，无论从全球水安全格局还是我国已发生的水安全问题及态势来看，人类要生存发展，将不得不面对愈来愈严峻的水安全风险与挑战。

我国是一个长期面临水资源短缺、水旱灾害、水污染和水生态等多方面水问题的发展中国家。随着经济社会的快速发展，水安全问题愈来愈凸显，其中不仅有保障水资源需求的供水安全、减少水灾害的防洪安全，还有日益突出的水质安全、水生态安全。严峻的水安全形势，迫切需要科学规划和研究"水与气候""水与生态""水与环境""水与社会"。在这个背景下，湖北水利人李瑞清及其团队编著的《江汉平原水安全战略研究》并得以出版，显得弥足珍贵！

湖北省地处我国中部，素有"九省通衢"和"千湖之省"之誉，在我国及长江流域社会经济发展中举足轻重。境内的江汉平原，自古以来商品经济发达，城市密布，人口集中，是我国富饶的平原之一。江汉平原土地肥沃，河流纵横交错，湖泊星罗棋布，长江、汉江横贯其中，是全国著名的淡水养殖基地和重要的农产品出口基地，成就了"湖广熟，天下足"的美誉。但是，随着经济社会的发展和人类活动的影响，江汉平原也存在水旱灾害频繁、江湖阻断、湿地萎缩、生态系统退化、水质恶化等严峻的水安全问题。此外，长江三峡水库蓄水运用和南水北调中线调水，也使江汉平原供水、生态安全面临新的挑战，水安全问题在湖北、在长江流域具有典型性、代表性。

《江汉平原水安全战略研究》一书图文并茂，资料翔实，既有理论探讨，又有实践创新，特别是对江汉平原具体边界进行了精确认定，成为本书的亮点之一。

本书重点对江汉平原水灾害防治、水资源配置、水环境保护、水生态修复、水安全管理现状进行了客观评价，系统地分析了存在的问题及成因，并提出了个人思考，可为各级党委、政府提供重要参考，也可为水利工程、自然资源、生态环境和社会各界相关人员以及有关大专院校师生提供参考。

值此本书出版之际，作者嘱我作序。作为长期从事水安全研究的一名科技人员，我十分乐意并欣然接受，便有了上述所思所感。

是为序。

2019 年 7 月 8 日

（中国科学院院士、武汉大学水安全研究院院长，博士生导师）

序二

　　水，是生命之源，是人类文明的源头。

　　一部中华文明史，某种意义上就是一部治水史。兴利除害、治水安邦，是其中永恒的主旋律。

　　水兴则邦兴，水安则民安。党的十八大以来，习近平总书记从保障国家水安全的战略高度出发，号水脉、定水策——按照"节水优先、空间均衡、系统治理、两手发力"的"十六字"方针治水，统筹做好水灾害防治、水资源节约、水生态保护修复、水环境治理。

　　湖北省江河水系发达、湖泊水库众多，水资源丰富，在"十六字"治水方针引领下，全省水利改革发展取得了巨大成就。但我们也深刻认识到，水灾害风险加大、水资源约束趋紧等新老水问题，已成为湖北省经济社会可持续发展的重要影响因素。

　　破解水问题、保障水安全，水利人责无旁贷。湖北省水利水电规划勘测设计院李瑞清领衔的团队，结合工作实践，以江汉平原为切入点，深入研究了水安全保障相关问题，凝聚成《江汉平原水安全战略研究》一书，意义深远。

江汉平原位于湖北省中南部，文化底蕴深厚，物产丰富，是湖北省经济社会发展的核心区，也是我国九大重要商品粮基地之一和驰名中外的鱼米之乡，战略地位十分重要。同时，江汉平原也是著名的"水袋子"，洪涝灾害多发、易发，防洪保安问题仍未得到彻底解决，区域内部抗御洪涝灾害能力有待进一步提高。

　　《江汉平原水安全战略研究》，著者针对江汉平原水资源、水环境、水生态、水灾害问题以及三峡水库蓄水运用和南水北调中线调水对江汉平原水安全带来的新挑战，从健全防洪减灾体系、加大水生态保护与修复力度、优化水资源配置、提高水资源管理效率与水平等方面提出解决江汉平原水安全保障的基本思路，意义重大。

　　在实现"两个一百年"奋斗目标的进程中，湖北省将进一步深入贯彻落实"十六字"治水方针，以及"水利工程补短板、水利行业强监管"的水利改革发展总基调，认真研究全省防灾减灾的短板，治水患兴水利，筑牢水安全基础。一要推进河（湖）长制。建立责任、督察、公众参与和长效管护等工作机制，夯实规划编制、一河（湖）一策、划界确权等基础。二要加大河湖水生态环境修复与保护力度。确保水质不污染、数量不减少、面积不萎缩。继续推进江汉平原地区大东湖、梁子湖、洪湖等生态河湖示范工程建设，综合运用截污治污、江湖连通、河湖清淤等措施对河湖水网进行水生态环境治理和修复，让河畅其流、水复其清。三要实行最严格的水资源管理制度。坚决守住水资源管理"三条红线"，强化水资源消耗总量和强度刚性约束。四要进一步加强重大水利工程建设。持续推进长江、汉江等大江大河治理，尽早开始洪湖东分块、杜家台等分蓄洪区建设，加快实施引江补汉、一江三河水生态治理与修复等重大水资源利用工程建设。

　　历史的潮流，总是浩浩荡荡，勇往直前；治水的步伐，总是永不停歇，无可阻挡。新形势下，湖北水利改革还在继续深化，湖北水利事业也正在加快发展。我们期待更多专家学者继续为湖北省水安全保障献计献策，为促进湖北省在中部地区率先崛起提供重要支撑。

是为序。

周汉奎

2019 年 7 月 12 日

（湖北省水利厅党组书记、厅长，湖北省湖泊局局长）

江汉平原 水安全战略研究

目 录

CONTENTS

CONTENTS

第五章　水环境保护

第六章　水生态修复

第七章 水安全战略工程

第一章

/ 绪　论 /

江汉平原春色

水是生命之源、生产之基、生态之要，与水安全相关的水灾害防治、水资源配置、水环境保护、水生态修复和水工程管理问题，正日益引起国人乃至世人的广泛关注。

第一节　问题的提出

一、时代背景

　　水是生命之源、生产之基、生态之要。水利是国民经济和社会发展的重要基础设施，不仅关系到防洪安全、供水安全、生态安全，还关系到粮食安全、经济安全和国家安全。党中央、国务院高度关注水利工作。2011年"中央一号文件"发布《关于加快水利改革发展的决定》，提出实行最严格水资源管理制度，做出了加快推进重大水利工程建设的决策部署，揭开了全国水利大繁荣大发展的序幕。近年来，随着经济社会的快速发展和气候变化影响的加剧，在水资源时空分布不均、水旱灾害频发等老问题仍未根本解决的同时，水资源短缺、水生态损害、水环境污染等新问题更加凸显，新老水问题相互交织，已成为我国经济社会可持续发展的重要制约因素和突出安全问题。水安全与粮食安全、能源安全一样，是事关国家命运和民族兴盛的战略课题。

　　江汉平原是我国社会、经济和文化较发达地区，是国家重要粮棉油生产基地和工商业基地，也是诸多国家重大产业集聚区。这里是江河纵横、湖泊湿地星罗棋布的鱼米之乡，催生了璀璨的文化，也时常面临着诸多水问题。随着社会经济的发展和人民生活水平的提高，江汉平原的水安全已日益成为一个重大的课题。

二、研究意义

　　水资源是重要的自然资源、环境资源。随着全球性社会经济的发展和资源危机的加剧，水资源逐渐演变成为稀缺的战略资源。水安全在国家和地区政治、经济安全方面的地位也日益提高。综合降水资源时空格局变化、气候变化的影响和中国经济社会的现代化进程，未来的水安全问题将面临更加严峻的挑战，需要从战略高度加以应对。

水安全与国家安全，包括经济安全、能源安全、粮食安全、生态安全和国民安全密切相关，只有确保水安全，才能实现国家的长治久安。

（一）水安全关系生命安全

水是生命之源。地球（图1-1）上一切生命，不论是动物、植物、微生物，都因水而生。人类的生命更是离不开水。此外，以洪涝、海啸为代表的水灾害，会对人民生命财产造成严重威胁。自古以来，洪灾和旱灾始终是困扰世界各国的重大难题。近年来，全球极端气候变化加剧，各类水灾害也是层出不穷，每年都会给相关国家造成严重的影响，甚至引发国际争端与冲突。

保障水安全，首先就是维护国家公民在水灾害面前的安全防护能力，尤其是防洪能力；其次是确保每个公民的饮用水安全，这是每个国家不可推卸的责任，也是以人为本的具体体现。我国地处欧亚大陆东部、太平洋西岸，兼受海洋与大陆影响，气候复杂多变，既遭受洪涝灾害的频繁侵害，又面临着水资源总体缺乏的局面，防洪安全、供水安全责任均十分重大。

（二）水安全关系经济安全

水是生产之基。无论是工业、农业，抑或是第三产业，都离不开水。

水是农业的命脉，农作物的生长离不开水；灌溉农业对水的依赖性很强。中国的农业虽然仅占GDP总量的10%左右，但其用水量却占全国用水总量的近2/3，是名副其实的用水大户。水是工业的血液，无论轻工业还是重工业，从原材料加工到产品生产乃至冷却、运输，每一个环节都离不开水。我国工业用水量占全部用水量的近1/4，是仅次于农业的第二用水大户。此外，以交通运输、信息传输、科教文卫等公共服务业为代表的第三产业，同样也离

图1-1 从太空看到的地球

不开水。水能还是重要的可再生清洁能源，为整个国民经济提供持续不竭的动力。

我国人均水资源量较低，有11个省（自治区、直辖市）严重缺水，包括经济强省江苏和山东，农业大省河南、河北、宁夏，煤炭大省山西，以及北京、天津、上海3个直辖市。其中北京、河北、河南、江苏、宁夏、上海和天津7个省（自治区、直辖市）均出现了用水总量超过了可更新水资源量的水赤字。这11个省（自治区、直辖市）创造的GDP占了全国近一半，这些地区的水安全，甚至会影响全国经济的可持续发展。

（三）水安全关系生态安全

水是生态之要。它不仅拥有自身的生态系统，还通过水文圈与气候、森林、沙漠、动物和植物等发生密切联系，一起构成全球生态系统不可分离的组成部分。

水生态系统由生物群落与水环境共同构成。水生生物群落包括自养生物（藻类、水草等）、异养生物（各种无脊椎和脊椎动物）和分解者生物（各种微生物）群落。它们时刻与周边的水环境相互作用，维持着特定的物质循环与能量平衡。同时，水又通过蒸发—降水的形式在不同地域间形成循环系统，并成为全球生态系统的重要组成部分。

在2014年4月召开的中央国家安全委员会第一次会议上，生态安全被明确纳入我国国家安全范畴，水安全的重要性愈加凸显。

（四）水安全关系国家安全

水是人类生存和文明进步重要的物质基础。人类创造的所有灿烂的历史文明，都离不开水的养育和滋润。埃及、巴比伦、中国、印度四大文明古国都仰仗于大江大河。古希腊、古罗马文明也离不开地中海这个摇篮。

在气候干旱地区，人类对水的依赖更加明显。在沙漠地带，往往是水流到哪里，生命就延伸到哪里，文明也产生在哪里。古埃及文明完全依赖于尼罗河的滋润；中国的西域文明完全依赖于塔里木河的灌溉。类似的情况在北非、西亚地区也不鲜见。

如今，人类文明对水的依赖已经大为减弱，但水安全的重要性丝毫未减，各国的水安全防治水平往往与其综合国力密切相关。许多发达国家的水利设施较为先进，水灾害防治和水能开发的程度也比较高；而大多数欠发达国家，无论是防灾能力、饮用水安全还是水资源的开发与利用都处于较低的水平，许多国家依然没有从水安全的威胁中摆脱出来。

水安全与国家安全的紧密程度，由此可见一斑。水安全评价体系框架见图1-2。

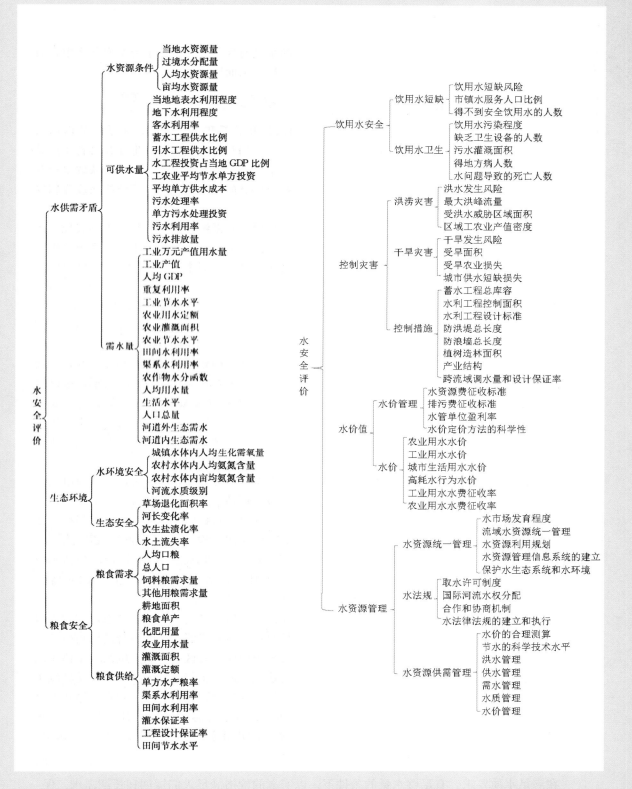

图1-2　水安全评价体系框架图（资料来源：韩宇平、王富强、刘中培、王静《区域安全的水资源保障研究》）

第二节　水安全的内涵与属性

一、水安全定义

与许多重要的理念一样，水安全尽管与人们的生产、生活密切相关，但真正要给它下一个公认的定义，却不是一件简单的事。因此，在不同的国家、不同的人群，甚至同一人群在不同的时段、不同的领域，都会有不同的解释。国际上有关水安全的定义很多，有代表性的有以下几种。

"百度百科"中对"水安全"的定义是：水安全问题通常指人类社会生存环境和经济发展过程中发生的与水有关的危害问题，如洪涝、溃坝、水量短缺、水体污染等，以及由此给人类社会造成的损害。这只是一个宽泛的、外延式的定义，没有对其内涵做出具体描述。

联合国教科文组织对于水安全的定义是：人类生存发展所需，有量与质保障的水资源、能够维系流域可持续的人与生态环境健康、确保人民生命财产免受水灾害（洪水、滑坡和干旱）损失的能力。国际水文计划第八阶段研究指出，水安全系指一国是否有能力稳定获得质量达到可接受水平的充足水源，以在重要关头维持人类和生态系统健康，同时确保有效保护人与财产免遭与水有关的灾害——洪水、滑坡、地面沉降和干旱的侵袭。

2000年召开的"21世纪水安全——海牙世界部长级会议"发表的宣言中指出：水安全意味着确保淡水、海岸和相关的生态系统得到保护和改善，确保可持续性发展和政治稳定得到加强，确保人人都能够以可承受的支出获得足够安全的淡水，确保免受与水有关的灾难的侵袭。

美国环保署从灾害和人类健康出发，认为水安全是"阻止污染和恐怖主义，保护水安全和国家安全"；维特尔等人从人类需求的研究框架出发，认为水安全是指一种在满足水质要求、有足够水量的条件下，以实惠的价格满足人们短期和长期需求，保障健康、安全、福利和生产的能力（家庭，社区，街道或国家）的状态。还有学者从可持续发展研究框架出发，提出水安全是指"从家庭到全球，每个人都可以以合理的成本取得足够安全的水，过上干净、健康和满意的生活，同时确保保护和增强自然环境"。

国内学者洪阳、阮本清、叶正伟、陈绍金、程国栋、封志明、郑通汉等，也从不同角度给水安全提出了自己的定义，内容涉及方方面面。

本书认为，水安全是一个宽泛、动态的概念，它包括水旱灾害防治、水资源供给、水生态环境保护以及与之相关的工程措施和非工程措施等内容，表现出的是一个国家和地区在水质、水量与生产力发展和人们对美好生活要求相适应的程度。

二、水安全内涵

一般意义上的水安全，应该包括水灾害防治、水资源配置、水环境保护、水生态修复和水安全管理 5 个方面。

（一）水灾害防治

水灾害主要包括由水多导致的洪、涝、溃灾，由暴雨、台风、风暴潮、海啸等极端天气导致的水灾害，此外还有由于水资源缺乏导致的旱灾和咸潮入侵等。它们属于自然灾害范畴，能对人民的生命财产造成直接威胁。据有关部门统计，水灾害对人类造成的损失约占全部自然灾害总损失的一半以上。因此，防治水灾害也是水安全最重要的课题之一。

（二）水资源配置

水资源配置主要包括灌溉、供水、排水以及水资源调度等，是人们应对水资源时空分布不均而采取的各种手段的总称。其中灌溉工程包括蓄、引、提等主体工程和与之配套的涵闸、泵站和渠道工程，是保证农业收成以及粮食安全的重要手段。供排水系统，包括水源地、供水厂、供水管网及排水、排污设施，是保证人们饮用水安全的重要措施。水资源调度包括时间调度和空间调度，是对自然界的水资源分布进行人为干预。值得一提的是，旱灾，其生成机理与防治手段与洪涝、风暴潮完全不同，在许多时候，防旱工作也被列入水资源配置之中，本书在后面叙述时也是如此。

（三）水环境保护

水环境保护主要包括防污与治污，主要关注的是水质。当今社会，由人类活动导致的水污染问题日趋严重，对人们的生命健康造成威胁越来越大，以水污染防治为主体的水环境保护也日益受到世界各国的关注。目前，造成水污染的原因主要有工业点源、农业面源、水体内源污染等。其中以面源污染最为复杂难治，也是水环境保护工作的重点。

（四）水生态修复

这是与水环境密切相关又有所不同的方面。它所关注的重点不是人类，而是与水相关的生态系统，尤其是在水中生长的动植物。它所强调的水环境不只是对人无害，更重要的是对水生生物有利。水生态修复（图1-3）的重点，是人类放弃传统掠夺性的发展方式，让水生生物在人类影响较小的条件下自然竞争、适者生存，让水生态环境在休养生息中达到自己的理想状态。

（五）水安全管理

水安全管理包括工程管理和非工程管理两大类。工程管理是对现有水工程的安全、质量及其社会效益、经济效益和生态效益进行全面管理；非工程管理，则是指与水安全相关的政策、法律规定、科技等方面进行的管理。此外，水安全管理还有对管

图1-3　水生态修复

理者自身进行的管理。

如果说前四项主要强调水的因素，水安全管理则主要强调人的因素。它受到的客观约束条件较小，是主观能动性能够发挥突出作用的领域。同样的工程，管得好与管得不好，其产生的效益是完全不同的。

三、水安全属性

总体而言，水安全有三个重要属性——自然属性、社会属性、人文属性。

（一）自然属性

水是自然资源，水安全首先表现在自然界水在质、量和时空分布的不均匀性。如水多时带来洪涝，水少时则带来干旱，水土流失导致水浑，以及水资源分布不均时带来的时涝时旱，一部分地区水多为患，而另一部分地区水贵如油等。

（二）社会属性

水虽然是自然物，但水安全所涉及的对象却是人类社会。水安全与不安全，是相对于人的生存状态而言的，同样的水情在不同区域产生的结果完全不同。例如，同样是长期无雨，对华北平原的农业会造成极大灾害，但在西北干旱区却司空见惯。同样是特大暴雨，落在太平洋上和落在人口密集的地质灾害频发区影响截然不同。台风、海啸也是如此，发生的地域不同，它所产生的安全问题也会完全不同。水环境的污染，多由人类活动造成，其社会属性更加突出。

（三）人文属性

水安全的感受体是人，水安全工作的落实者也是人。不同的人对同样的水情的感受是不同的。如湖北的气候，北方人可能觉得潮湿，东南沿海的人可能觉得干燥，北方人觉得热，南方人觉得冷。每年 1500 毫米的降水量，在雷州半岛未必够用，而在西北每年 400 毫米的降水量就不错了。这些不同的感受，赋予水安全强烈的人文色彩。

正是由于水安全具有自然、社会和人文三大属性，因此，水安全这个概念是因人而异的。与人所处的水资源的承受力有关，与人类社会的脆弱性有关，也与人们的心理和期望值有关。

第三节　国际水安全问题与水安全研究现状

一、水安全问题

水安全不仅在中国，而且在世界大多数国家都是重大的战略课题。水灾害的袭击、水资源过多或过少、水质污染以及水生态的退化，正困扰着越来越多的国家。在一些人多地少的发展中国家，跨境河流的水争端愈演愈烈，甚至成为影响地区安全的重要因素。

（一）水灾害

在 20 世纪 70 年代以前，水灾害是世人最关注的水安全问题。暴雨、洪水、滑坡、泥石流等水灾害，在全世界不断肆虐，不仅严重威胁发展中国家人民生命财产安全，也对发达国家造成了极大的威胁。

在各种水灾害中，以洪水威胁最为巨大而深远。

人类最适宜居住的地区是大江大河中下游冲积平原，它们既是世界主要文明发祥

图 1-4　俯瞰汛期的江河

地，也是洪涝灾害易发地和高发地。世界各国的文明在其早期或多或少遭到洪涝灾害的致命威胁，因而在其古老传说中留下了洪水的记忆。许多古国因水而兴，也因水多（洪水灾害）或水少（干旱）而衰。直到今天，洪灾仍然是对人类威胁最大的自然灾害之一。南亚及东南亚各国每年都会因洪水泛滥（图 1-4）而造成大量人口流离失所。非

洲和西亚的广大地区则遭受着旱灾的持续威胁，它们的社会经济由此受到严重影响。

太平洋及大西洋的低纬度地区是台风和飓风高发区，由大风及其带来的暴雨、海啸、风暴潮，给当地百姓生产、生活造成极大威胁。

与洪水相伴而生的涝灾和渍灾，是平原地区重要的农业灾害，极大地影响着相关国家的粮食安全和经济安全。

由暴雨、洪水带来的崩塌、滑坡、泥石流等次生灾害，则严重影响着山区群众的生命财产安全。

（二）水资源缺乏

伴随着经济社会的发展，到 20 世纪 70 年代中后期，水资源缺乏问题越来越引起人们的关注。

地球表面虽然到处是水，但真正能够被人们利用的江河、湖泊以及地下水却相当有限，而且地域分布还很不均衡。其中约 65% 的水资源集中在不到 10 个国家，而约占世界人口总数 40% 的 80 个国家和地区却严重缺水。据联合国公布的统计数据，在全球气候变化影响加剧的背景下，目前全球有 11 亿人缺乏足够的生活用水，26 亿人无法保证用水卫生。与此同时，全球人口还在以每年约 1 亿的速度增加，到 2050 年缺少饮用水的人口可能达到 20 亿之多。在水资源紧张的中东和中亚地区，水安全问题已经引起社会危机和政治危机，直接影响区域安全和稳定。

在发展中国家，缺水对人民带来的最大威胁是农田减产造成的粮食危机。每逢大旱（图 1–5），粮田绝收，饿殍遍野，以致造成社会动荡、政权更迭的实例，在古今中外的历史上一次次上演。直到今天，在撒哈拉以南的非洲，许多国家仍然无法摆脱严峻的粮食匮乏难题。

而在更多的国家，缺水还给人们带来了饮水安全问题。据有关学者统计，当今全球总的可更新用水正面临着巨大的压力，其中压力大于 20% 的区域占到全球总区域的 1/2，大于 50% 的约占 1/3；占全球总

图 1–5 干旱

人口 36% 的 25 亿人口、世界粮食产量的 41% 和全球 1/4 经济总量的地区均面临着水利用不可持续的重大风险。到 2050 年，水资源总量压力大于 20% 以上区域将从现状的 50% 增加到 65%，大于 50% 压力从现状的 30% 增加到 50%；全球 52% 的人口和 45% 的 GDP 将面临高风险的水危机压力，25% 的 GDP 将面临中等水危机风险，其中包括了全球人口大国中国。

2013 年 10 月，联合国秘书长潘基文在布达佩斯举行的联合国水峰会开幕致辞中指出：到 2030 年，将有近一半世界人口面临水资源短缺，对水的需求将大于供给的地区约占 40%。这说明必须结束毫无节制地使用水资源的状况，同时要确保每个人都得到清洁的饮用水。他强调，重要的是确保不让水成为冲突的源泉，而是要用其促进发展。

越来越多的人认为，21 世纪最重要的战略资源不是煤炭、钢铁，也不是石油，而是清洁的淡水。甚至有专家认为：在 21 世纪，水正取代石油，成为世界危机的主要源泉。

（三）水环境污染

世界上有不少国家，在其经济高速发展时期，都曾出现过环境污染问题，走过了先污染再治理的道路，水污染（图 1-6）就是其中显著的标志。

据学者统计，美国人已经在地下水中发现超过 73 种不同类型的农药成分；每年过量使用的农药已导致全国河流、湖泊和地下水受到污染。直到如今，每年仍约有 150 万吨的氮通过密西西比河流入墨西哥湾。据 2017 年 5 月 18 日的《每日邮报》消息，在美国，近 3000 万人正在饮用受到污染的自来水，而这些被污染的自来水，很可能会导致癌症、婴儿畸形以及铅中毒。更可怕的是，这些人并不是集中在某个州或者某个地区，而是分散在全美国的每一个州！据统计，美国约有 7700 万人因自来水被污染而受到影响，其中包括了休斯顿。

图 1-6　水污染

20 世纪 50—70 年代，日本因经济的高速发展和环保意识的薄弱，出现了严重的环境污染公害问题，使很多居民受到影响。其中熊本水俣病、新潟第二水俣病、四日市哮喘病和痛痛病 4 个环境污染案例影响极大，广为人知，被称为"四大公害病"。

在欧洲，英国的泰晤士河、法国的塞纳河、德国的莱茵河都曾因为工业废水、废渣的排放，出现过严重的水污染事故，一度鱼虾绝迹。即使是以注重环保著称的瑞典，在 20 世纪中期也因未经处理或不完全处理的污水排放持续了数十年，引起水体严重污染。直到今天，酸化、富营养化、环境毒素、物理干扰、饮用水水源保护与取水仍然是困扰瑞典水环境的五大问题。

至于发展中国家，污染情况更为严重，许多国家面临着没有足够安全的可饮用水，已成为世界性难题。为贫困地区解除污染以及保障安全饮用水，已连续多次成为世界水安全会议的主题。

（四）水生态退化

伴随着水量的减少和水质的恶化，世界众多地区的水生态系统也面临着极大的危机。水量减少会导致大量水生动植物生态环境恶化，水质的恶化则容易产生富营养化，浮游生物大量繁殖，对鱼类和其他植物的影响也非常显著。污染物中的有毒物质和重金属也将对水生生物造成直接威胁。

与水环境污染一样，水生态的退化也是在世界范围内普遍存在，但较晚时期才引起人们的关注。如埃及在尼罗河上兴建的阿斯旺大坝，就对下游区的生态环境产生了负面影响。西方盛行的反水坝和拆除水坝的行动，其理论依据也是兴建大坝对生态环境所产生的负面影响。

二、国际水安全冲突

古今中外，因为争水而引起冲突，甚至导致战争的事情并不少见。20 世纪下半叶以来，由水直接导致的战争虽没有出现，但地区冲突却屡见不鲜。

《联合国世界水资源报告》指出，在最近 50 年来，由于水资源问题引发的 1831 个案例中，有 507 个具有冲突性质，37 个具有暴力性质，而这 37 个中有 21 个演变成为军事冲突。

国际上有关水安全争议，存在于除大洋洲（没有国际河流）之外的每一个大洲，每一条重要的国际河流或湖泊。如欧洲各国围绕莱茵河与多瑙河，美国和加拿大围绕五大湖和圣劳伦斯河，东南亚围绕澜沧江—湄公河，甚至水资源丰富的南美各国围绕亚马孙河的水资源分配，都存在着长期的争论与分歧。其中最为激烈的地区，莫过于东北非地区围绕尼罗河，以色列及其邻国围绕各条河流，以及中亚五国围绕咸海及锡尔河、阿姆河水源的争议，它们集中反映了水资源缺乏对国际政治的影响。这三个地区同时也是政治、宗教、民族冲突激烈的地区。此外，匈牙利和斯洛伐克在多瑙河水电开发上的争议也引起了人们的关注。

三、国际水安全研究与合作

伴随着水资源的短缺、恶化和水争端的加剧，世界各国对水安全问题日益关注。如何在满足社会经济发展的条件下保证水安全，仍然是一个严峻又富有挑战性的课题。

国际社会对水安全的认识，经历了一个逐步扩展与加深的过程。

在20世纪上半叶之前，国际上对水安全认识较为简单。就对象而言，主要集中在防御水害；就方式而言，主要局限于各国内部以及少数相邻国家；水资源短缺问题尚未引起足够重视，关心水质污染和水生态退化的国家更是寥寥无几。20世纪60年代以后，伴随着经济增长和人口增加，水资源、水环境、水生态问题也渐渐突显。1972年，在瑞典首都斯德哥尔摩召开的联合国人类环境会议被公认为世界环境保护的重要里程碑，在会上形成了7点共识和26项宣言（简称《斯德哥尔摩宣言》），此后的内罗毕会议和里约热内卢会议，对这些宣言进行重申与补充完善，人类对生态环境的认识由此大大提升了一步。

20世纪90年代以后，国际有关组织实施了一系列国际水科学计划，如国际水文计划（IHP）、世界气候研究计划（WCRP）、国际地圈生物圈计划（IGBP）等。目的是从全球、区域和流域不同尺度和交叉学科途径，探讨环境变化下的水资源安全问题。另外，联合国环境规划署、联合国开发计划署、世界经济合作与发展组织等国际研究机构，都或多或少地对水安全给予关注。

（一）关于水资源现状的研究

几乎毫无例外，研究者都对全球的水资源安全现状，尤其是水资源总量持悲观态度，绝大多数研究者认为，水资源总量缺乏的形势难以逆转。

1.水资源总量多，但可被利用的淡水资源少，而且分布很不均衡

水是地球上分布区域最广的自然资源。从广义的角度出发，地球包括海洋在内的

水资源总体积约为 1.386 万亿立方米，大约覆盖地球表面积的 71%，因此地球也被人称作"水的星球"，但真正能够为人所用的却相对稀少。

联合国开发计划署在其编制的《2006 年人类发展报告（中文版）》中指出："地球虽然是一个表面积约 70% 由水覆盖的星球，但是这其中却只有不到 3% 的水资源是人类生活可以直接使用的淡水资源。另外 97% 的水资源都在海洋里。而这仅占 3% 的淡水资源的大部分还都深锁在南极冰盖里或极深的地下，造成的后果是实际上只有不到 1% 的淡水资源蕴藏在人类可以方便取用的湖泊、河流里。""现在人类社会真正可以利用的淡水资源只相当于淡水资源储量的 0.34%。"

可用淡水不仅为数较少，而且地域分布极度不均。巴西、俄罗斯、加拿大、中国、美国、印度尼西亚、印度、哥伦比亚和刚果等 9 个国家的淡水资源占了世界淡水资源的 60%。

就大洲而言，水资源最为乐观的是南美洲和大洋洲，其次为北美洲；经济发达的欧洲人均水量最少，经济最不发达的非洲人均水量虽多于欧洲，但呈现出明显的地域差异（如降水十分丰富的刚果热带雨林和几乎没有降雨的撒哈拉沙漠）。就国家而言，加拿大人均水量高达 12 万立方米，而沙特阿拉伯仅有 134 立方米，两者相差近千倍。

2. 伴随着经济发展和人口增长，水资源短缺仍呈持续扩大趋势

据联合国提供的材料，目前全世界有将近 1/3 的人口得不到安全用水，地球上有约 34 亿人平均每人每天只有 50 升水，有近 70 个国家（地区）严重缺水。

与此同时，全球经济的增长也对水资源提出了更高的要求。据统计，1900—2000 年，全世界工业用水增长了 20 倍，农业用水增长了 7 倍。1980—2000 年，美国用水量增长了 50%，日本在 1990 年全国总需水量比 1975 年约增长 30%。欧洲的用水量也在缓慢上涨。与发达国家相比，发展中国家基数低、经济发展和人口增长均更为迅速，它们对水资源的需求增长速度也更快。

3. 水质污染日趋严重，导致水质性缺水更加严重

近年来，由于经济发展带来的水质污染日益增加，由此产生的水质性缺水日趋严重，而且有由地上转为地下的发展趋势。水污染不仅影响人类身体健康，还使原本短缺的水资源更加短缺，加剧了水质性缺水现象。

4. 水生态环境不容乐观，部分水生生物面临消失的困境

在水资源短缺和水质污染的双重影响下，全球许多地区的水生生物命运堪忧，水生态环境出现了明显的衰退趋势。许多珍稀的水生生物，面临着空前的生存难题。如中国特有的国家一级保护动物白鳘豚可能已经功能性灭绝，它的近亲——国家二级保护动物江豚也面临着类似的命运。

（二）影响世界生态环境保护的三次大会

生态环境引起人们的广泛关注始于 20 世纪 60 年代。而 1972 年、1982 年和 1992 年三次联合国人类环境会议及其宣言，极大地提升了环境保护在人们心目中的地位，对水生态环境保护有着极大的推动作用。

1972 年 6 月，在瑞典斯德哥尔摩召开的联合国人类环境会议上，来自 113 个国家的政府代表和民间人士就世界当代环境以及保护全球环境战略等问题进行了研讨，制定了《联合国人类环境会议宣言》，呼吁各国政府和人民为维护和改善人类环境，造福全体人民，造福后代而共同努力。明确"有关保护和改善环境的国际问题，应当由所有国家，不论大小在平等的基础上本着合作精神来加以处理"的共同信念。对世界范围内的环境保护提出了倡议。此后，世界各国纷纷成立环保机构及环保组织，对水环境的保护亦提上了议事日程。我国的水资源保护事业，就是在当时起步的。

此后，1982 年 5 月，在肯尼亚首都内罗毕召开的"纪念联合国人类环境会议十周年特别会议"和 1992 年在巴西里约热内卢通过的《里约宣言》及《21 世纪议程》。自 1993 年起，联合国大会确定每年的 3 月 22 日为"世界水日"，这极大地提高了水资源和水环境保护在国际组织及世界各国人们心中的地位。

（三）国际水安全盛会——世界水资源论坛

世界水安全研究最重大的盛会和最重要的成果交流，莫过于三年一次的水资源论坛。这里仅列举其主要议题，从中可以看到人们最关注的水安全问题，并由此窥见世界水安全研究的主要脉络。

1996 年，世界水理事会成立，同时决定每三年举办一次有关水资源问题的大型国际活动。

1997 年 3 月，第一届世界水资源论坛在摩洛哥马拉喀什召开，主题为"水，共同的财富"。会议发表了《马拉喀什宣言》，呼吁各国政府、国际组织、非政府组织和世界各国人民进一步团结奋斗，为开展永久确保全球水资源的蓝色革命奠定基础。

2000 年 3 月，第二届世界水资源论坛在荷兰海牙召开，主题是"世界水展望"。会议通过了关于 21 世纪确保水安全的《海牙宣言》和相关行动计划，并对未来 25 年的水资源管理和消除水危机措施提出展望，世界水蓝图也在这次会议上问世。

2003 年 3 月，第三届世界水资源论坛分别在日本城市京都、大阪和滋贺召开，包括"水和粮食、环境""水和社会""水和发展"等 38 个主题。论坛通过《部长宣言》，并公布了各国及国际机构提交的《水行动计划集》。

2006 年 3 月，第四届世界水资源论坛在墨西哥首都墨西哥城召开，主题是"采取地方行动，应对全球挑战"。会议通过的《部长声明》认为，水是持续发展和根治贫困的命脉，必须改变当前使用水资源的模式，以保证所有人都能用上洁净水。

2009 年 3 月，第五届世界水资源论坛在土耳其的伊斯坦布尔召开，主题是"架起沟通水资源问题的桥梁"。会议通过的《部长声明》强调，必须加强水资源的管理和国际合作，保证数十亿人的饮水安全。

2012 年 3 月，第六届世界水资源论坛在法国马赛召开，主题是"治水兴水，时不我待"，旨在总结往届水论坛和其他国际会议成果，并在水资源的关键领域制定和实施切实有效的解决方案。本次论坛共有来自 180 多个国家和地区的约 2.5 万名代表，其中包括中国在内的 140 个部长级代表团。

2015 年 4 月，第七届世界水资源论坛在韩国庆州召开，主题是"水——人类的未来"，与会人士在论坛上进行 400 多场讨论，涵盖了气候变化、灾害、能源等 16 个领域。会议吸引了 170 多个国家和地区的高层人士、国际机构相关人士、学者、企业家约 3.5 万人。

2018 年 3 月，第八届世界水资源论坛在巴西首都巴西利亚召开，主题是"分享水资源，共享水智慧"。15 个国家的国家元首或政府首脑，170 个国家的中央和地方政府、议会，以及 1500 家各类机构和企业的代表共 1 万多人出席了会议。会议就汇聚全球水治理经验、推动各国全面实现可持续发展涉水目标等重要问题开展研讨。

第四节 中国的水资源与水安全

一、中国的水资源现状

我国水资源基本现状是：总量丰富，但人均较少；时空分布极不均匀；水资源分布与人口、土地不匹配。这些都对我国的水安全提出了较大挑战。

（一）水资源总量较丰富，人均水量较少

中国国土面积约 960 万平方千米，多年平均降水量 654.94 毫米，降水总量 59096.76 亿立方米，其中约有 56% 消耗于陆面蒸发，44% 转化为地表水资源和地下水资源。全国水资源调查评价成果表明，我国平均年径流总量和多年平均地下水资源量分别为 25017.230 亿立方米和 7781.84 亿立方米，扣除二者重复计算量，多年平均水资源总量为 26044.42 亿立方米。

世界各国普遍将河川径流量认定为动态水资源量。我国河川径流量 27115 亿立方米，约占全球河川径流量的 5.8%，仅次于巴西、俄罗斯和加拿大，居世界第四位。平均径流深度为 277.25 毫米，为世界平均值的 90%。因此，从世界范围来看，我国河川径流总量较为丰富。

但将这些水资源分摊到我国的耕地和人口上，这些水资源就显得短缺了。其中多年人均占有水资源量为 2220 立方米，仅为世界平均值的 1/4，在全球 192 个国家中排 120 多位。亩均占有水量 278.67 立方米，为世界平均值的 79%。由此可见，我国水资源量比较紧缺。

（二）水资源时空分布不平衡

我国水资源时空分布不均衡，导致水资源短缺情况在部分地区、部分时段尤其明显。

1. 空间分配上，南方水多、北方水少，西北内陆区更少

我国的水资源主要分布在南方。1000 毫米降水线大致以秦岭—淮河为界。此线以南为湿润区。长江及其以南诸河的流域面积占全国总面积的 36.5%，却拥有全国 80.9% 的水资源，而长江以北河流的流域面积占全国的 63.5%，却只占有 19.1% 的水资源，远低于全国平均水平。其中西北内陆沙漠地区几乎没有固定的水资源，为我国水资源最匮乏的地区。

2. 时间分布上，年内有明显的雨季旺季，年际变化较大

我国的水资源主要靠降雨补给，受季风气候影响，有明显的年内差异，即夏秋雨多，冬春雨少。汛期（4—9 月）降水量时常占全年的 70% 以上，其中 6—8 月又占据了汛期的 70% 以上。在年际分布上变化也很大，最大与最小年径流的比值，长江以南的河流小于 5 倍，而北方河流多在 10 倍以上。连旱、连涝或旱涝急转情况较多，这些都加大了水安全的威胁和水资源开发利用的难度。

（三）水资源与人口、耕地分布不相匹配

我国北方地区的人口多、耕地多，但水资源总量少，因此人均和亩均水资源量远低于南方。全国人均水量不足 1000 立方米的 10 个区中，北方占 8 个，主要集中在华北地区；全国耕地每公顷水量不足 1000 立方米的 15 个区中，北方占 13 个。此外，我国 1333 万公顷可耕后备荒地，主要集中在西北区和东北区。如果考虑这些后备荒地开发的用水量，则北方片每公顷耕地仅为南方地区的 13.3%。由此可见，北方是我国主要的水资源缺乏区。

二、中国面临的水安全挑战

我国水旱灾害频发，在历史上频繁遭受洪、涝、旱等水灾害的威胁。近年来，伴随着工业化、城镇化和农业现代化快速发展，全国的水资源、水环境和水生态都受到了一定的损害，水资源短缺和水环境污染问题日益引人关注，也成为制约国家发展和国民安全的突出"瓶颈"。可以说，中国的水安全形势不容乐观。

（一）洪涝灾害频繁发生，损失严重

我国位于欧亚大陆东侧，太平洋东岸，深受海洋和大陆两种气候影响，降水时空分布不均，这也决定了由降水导致的洪涝灾害较为频繁。尤其是大江大河的洪涝灾害，因为历时长、洪量大、对群众生命财产安全的威胁较为严重，成为中华民族的心腹之患。中小河流山洪灾害和平原湖区的渍涝灾害，以及城市内涝也十分严重。根据《全国山洪灾害防治规划》的相关统计，我国流域面积在 100 平方千米以上的山丘区河流约有 5 万条，其中约有 70% 经常发生山洪灾害。山洪灾害防治区横跨我国东、中、西部三大区域，共涉及 29 个省级、305 个地级、2058 个县级行政区。防治区内现有人口 4.6 亿，占全国总人口的 34.3%。近年来，山洪灾害损失超过全国水灾害损失的 2/3。近三年 60% 以上的城市发生过内涝灾害。

防洪，始终是我国水安全工作的头等大事，也是中华民族天大的事。

（二）水资源量相对缺乏

我国的水资源总量多、人均少，而且时空分配不均。大多数地区出现干旱的频率高于洪涝灾害，农田灌溉和人畜用水不能得到完全保障。许多人口集中的北方城市缺

水问题突出。据统计，当前我国655座城市中有400多座缺水，其中100多座属严重缺水。全国地下水开采量达1100亿立方米，造成400多个地下水超采区，总面积达19万平方千米。而在许多农村地区，饮水安全问题尚未得到彻底解决，资源性、水质性、工程性缺水普遍存在。

随着经济社会的发展和需水量的增加，我国的水资源短缺问题将更加严峻。

（三）水污染问题依然严重

与许多国家一样，我国的水资源在经济的快速发展期经历了一段先污染后治理的过程，水污染问题比较严重。其中工业点源污染数量集中、规模较大，易于形成污染也易于控制；农业面源污染相对分散，难以准确计量，根治的难度较大。此外，因养殖和底泥沉积造成的水体内源污染在许多地区普遍存在，以码头、船舶为重点的移动源污染，以及人们生产、生活造成的水污染也较为常见。

值得一提的是，经过多年治理后，我国的水环境恶化形势得到了初步扭转。在2010年前全面地表水的总体水质为中度污染，到2011年开始转为轻度污染。重点水体的优良率缓慢提高，劣质水比重在缓慢减少。根据2017年《中国水资源公报》，评价的24.5万千米河流中，Ⅰ~Ⅲ类水质河长占78.5%，劣Ⅴ类水质河长占8.3%；123个评价湖泊中，Ⅰ~Ⅲ类、Ⅳ~Ⅴ类和劣Ⅴ类水质湖泊分别占26.0%、54.5%和19.5%；1064座水库中，Ⅰ~Ⅲ类、Ⅳ~Ⅴ类和劣Ⅴ类水质水库分别占86.4%、11.3%和2.3%。评价的6454个水功能区中，水质达标率占62.5%；评价的1029个集中式饮用水水源地中，全年水质合格率80%以上的占评价总数的82.4%。

（四）水生态安全形势严峻

与世界各国一样，伴随着水资源短缺和水污染扩散，我国的水生态环境也遭受破坏。根据2014年1月国家有关部门公布的湿地资源调查结果，近10年来我国湿地面积减少了339.63万公顷，其中自然湿地面积减少了337.62万公顷。河道断流、湖泊干涸、湿地退化等问题严重，我国的水生态安全受到严峻考验。

我国人口仍在增加，经济发展仍在持续，对水资源的需求也在提高。可以想象，未来我国的水资源的供需矛盾可能还会加剧，水安全将在很长一段时间成为制约我国生态文明建设和可持续发展的重大战略问题。

三、中国在水安全保障上的成就

我国属水灾害多发国家，也是全球最关注水安全且成效较好的国家之一。自古以来，我国就形成了"治国先治水"的传统。新中国成立后，党和国家高度重视水安全建设，带领全国人民开展了卓有成效的治水行动，改变了旧中国相对落后的面貌。改革开放后又投入巨资对大江大河进行了全面治理，建成了以三峡、小浪底、南水北调为代表的跨世纪水工程。2011 年，"中央一号文件"聚焦中小河流、中小水库和农田水利，揭开了水利大繁荣大发展的新篇章。中国在水安全保障方面的成就举世瞩目。

（一）防汛除涝能力大大加强

新中国成立以来，党中央、国务院高度关注防汛除涝工作。在 60 多年的时间里，在全国主要大江大河形成了以堤防、分蓄洪区和水库为主体的防洪工程体系和以洪水预报、水雨情预报、防汛调度、山洪监测预警为主体的非工程体系，抵御洪水的能力大大增加。与此同时，治理了数以千计的中小河流，对病险水库水闸除险加固，并建成 2058 个县级山洪灾害监测预警系统和群测群防体系，基本形成了"横向到边，纵向到底"的水安全监测体系，极大地改变了旧中国主要江河三年两溃、十年九淹的被动局面。近年来，中国的防汛工作实现了由人海战术向科学防治的转变，进行了由防御洪水向管理洪水和利用洪水的新尝试。

（二）重大水利工程建设全面提速

改革开放以来，尤其是进入 21 世纪以来，我国先后兴建了三峡、小浪底（图 1-7）以及溪洛渡、向家坝等重大水利工程，实现了巨大的防洪、发电、航运、灌溉和养殖等综合效益；实施了以南水北调中线、东线（图 1-8）为代表的水资源调配工程；实施水电新农村电气化县和小水电代燃料、农

图 1-7 小浪底工程

村水电增效扩容改造建设逐步推进。中国的水电装机容量早已跃居世界首位；长江、大运河（图1-9）等主要通航河流的航道标准不断提高，通航能力不断加强；农田灌溉和水产养殖的效益逐年提高，"四横三纵、南北调配、东西互济"的水资源配置格局正在形成。

图1-8　南水北调东线工程

（三）最严格的水资源管理制度已经建立

随着2011年"中央一号文件"的出台，全国各级政府相继推行最严格的水资源管理制度，在各级层面划定用水总量、用水效率和水功能区限制纳污"三条红线"和"三项制度"。2014年又明确将"水资源管理责任和考核制度"作为最严格水资源管理的第四项制度，从而将水的因素和人的因素综合

图1-9　大运河

考量，将水安全的主要指标纳入地方经济社会发展综合评价体系。

最严格水资源管理制度的实施，使我国的水环境在2011年开始扭转持续恶化的局面，向不断改善的方向发展。

（四）水生态文明建设加快推进

2012年，党的十八大将生态文明建设纳入国家"五位一体"发展战略，水利部审时度势，针对我国严峻的水生态问题，开展了105个全国水生态文明城市建设试点工作。加强河湖生态补水和重要江河水量调度，实施引江济太、珠江压咸补淡、南四湖和白洋淀应急补水等，改善河湖水生态环境。强化地下水保护和管理，完成全国地

下水超采区评价，实施南水北调工程受水区、汾渭盆地等地区地下水超采治理，开展河北省地下水超采区综合治理试点，启动实施国家地下水监测工程。推进长江上中游等重点区域水土流失治理，加快坡耕地综合整治和生态清洁小流域建设。太湖水环境综合治理初见成效。塔里木河近期治理、石羊河重点治理任务基本完成，流域生态环境得到初步改善。

（五）水安全管理工作得到加强

水法规体系进一步健全。先后修订《中华人民共和国水法》《中华人民共和国防洪法》《中华人民共和国水土保持法》，颁布实施《太湖流域管理条例》《南水北调工程供用水管理条例》。大力推进水利综合执法，开展河湖管理范围划定及水利工程确权划界，启动河湖管护体制机制创新试点，加强河道采砂、河湖管理等监督执法。水利规划体系不断完善，国务院先后批复七大流域综合规划（修编）、水资源综合规划、水土保持规划、全国水中长期供求规划、水资源保护规划、现代灌溉发展规划、地下水利用与保护规划等一批重要规划。水利信息化水平加快提升，全国防汛抗旱指挥系统、水资源监控系统、水土保持监测系统初步建成。水利科技创新能力不断加强，引进、推广水利先进实用技术，建成一批国家重点实验室和工程技术研究中心。

同时，在水利投资、水行政审批、水价制度、水权确权及水权交易，以及水管单位体制方面大力改革，水安全管理能力不断加强。

四、中国新时期的治水思路

面对我国严峻的水安全形势，2014年，习近平总书记提出了"节水优先、空间均衡、系统治理、两手发力"的治水方针，对破解目前我国水安全面临的种种困境指明了方向，为我国今后水资源合理开发、利用、节约和保护提供了思路。

（一）节水优先

节水优先（图1-10）是针对我国国情水情，

图 1-10　节水标志

总结世界各国发展教训，着眼中华民族永续发展作出的关键选择，是新时期治水工作必须始终遵循的根本方针。

落实节水优先，保障水资源的可持续利用。始终坚持并严格落实节水优先方针，像抓节能减排一样抓好节水，大力宣传节水观念，加强计划用水和定额管理，建立健全节水激励机制和市场准入标准，强化节水约束性指标考核，大力推进农业节水、工业节水、生活节水，加快推进节水型社会建设。

（二）空间均衡

空间均衡是从生态文明建设高度，审视人口经济与资源环境的关系，在新型工业化、城镇化和农业现代化进程中做到人与自然和谐相处的科学路径，是新时期治水工作必须始终坚守的重大原则。

把握空间均衡，强化水资源环境刚性约束。要坚持以水定需、量水而行、因水制宜，坚持以水定城、以水定地、以水定人、以水定产，全面落实最严格水资源管理制度，不断强化用水需求和用水过程治理，推动建立国家水资源督察制度，使水资源、水生态、水环境承载能力切实成为经济社会发展的刚性约束。要积极开展水资源水环境承载能力评价，建立水资源水环境承载能力监测预警机制，进一步完善水资源水环境监测网络。要推进规划水资源论证制度建设，强化建设项目水资源论证，对水资源、水生态、水环境超载区域研究实行限制性措施。

（三）系统治理

系统治理是立足山水林田湖生命共同体、统筹自然生态各要素、解决我国复杂水问题的根本出路，是新时期治水工作必须始终坚持的思想方法。

注重系统治理，统筹山水林田湖各要素，要牢固树立山水林田湖是一个生命共同体的系统思想，把治水与治山、治林、治田有机结合起来，从涵养水源、修复生态（图1-11）入手，

图1-11　武汉东湖疏浚

统筹上下游、左右岸、地上地下、城市乡村、工程措施非工程措施，协调解决水资源、水环境、水生态、水灾害问题。要强化河湖生态空间用途管制，打造自然积存、自然渗透、自然净化的"海绵家园""海绵城市"。要加快构建江河湖库水系连通体系，加强水利水电工程生态调度，提升水资源调蓄能力、水环境自净能力和水生态修复

图 1-12 水土保持

能力。要加强水土保持（图1-12）和坡耕地治理，积极开展重要生态保护区、水源涵养区、江河源头区生态自然修复和预防保护，有序推动河湖休养生息。要强化地下水保护与超采区治理，逐步实现地下水采补平衡。

（四）两手发力

两手发力是从水的公共产品属性出发，充分发挥政府作用和市场机制，提高水治理能力的重要保障，是新时期治水工作必须始终把握的基本要求。

坚持两手发力，深化水治理体制机制创新。要坚持政府作用和市场机制协同发力，把水治理纳入各级政府的主要职责，该管的要管严管好。要花更多功夫、下更大力气研究和推进制度建设，特别是要深化水利改革，建立健全水利科学发展的体制机制。要加快推行城镇居民阶梯水价以及非居民用水超计划、超定额累进加价制度，推进农业水价综合改革，建立符合市场导向的水价形成机制。要积极稳妥地推进水资源确权登记，探索多种形式的水权流转方式，积极培育水市场。

第二章

/ 江汉平原的水安全 /

江汉平原鸟瞰

　　水利是湖北省的生态之魂、为政之要、民生之本、兴盛之基。作为湖北省社会经济核心区的江汉平原，因水而优，也因水而忧，保障这里的水安全，成为摆在我们面前的一个重大历史课题。

第一节　湖北省水安全现状

一、基本情况

（一）自然地理

湖北省位于我国中部，地处长江中游，洞庭湖以北，东邻安徽，南接江西、湖南，西连重庆，北靠陕西、河南，承东启西、连南接北，为九省通衢之要地，全省东西长约 740 千米，南北宽约 470 千米，国土面积 18.59 万平方千米，全省地势西高东低，西北东三面被武陵山、巫山、大巴山、武当山、桐柏山、大别山、幕阜山等山地环绕，中部江汉平原地势低平、向南敞开。全省拥有山地、丘陵、岗地和平原等多种地貌形态。

湖北省属于典型的亚热带季风性气候，四季分明，雨热同期，光照充足，无霜期长。全省多年平均降水量 800 ~ 2500 毫米，自西南、东南向西北递减，且年际和区际差异较大；平均日照 1300 ~ 2157 小时，由西南向东北递增；年平均气温 15 ~ 17℃，无霜期 200 ~ 260 天。因自然禀赋条件良好，素称"鱼米之乡"，是全国重要的商品粮棉油生产基地和最大的淡水产品生产基地。

湖北省境内江河纵横交错，水系发育。全省共有流域面积 1 万平方千米及以上河流 10 条（其中省界和跨省界河流 8 条），流域面积 1000 平方千米及以上河流 61 条，流域面积 100 平方千米及以上河流 623 条，流域面积 50 平方千米及以上河流 1232 条。境内湖泊星罗棋布，形态各异，享有"千湖之省"（图 2-1）的美誉，全省共有湖泊 755 个，湖泊水面面积合计 2706.85 平方千米，较大的有洪湖、梁子湖、长湖、斧头湖、龙感湖等。全省共有水库 6459 座，总库容 1262 亿立方米，其中大型水库 77 座，总库容 1135 亿立方米。

（二）经济社会

湖北省现有 12 个地级市、1 个自治州、25 个县级市、36 个县、2 个自治县、1 个林区。截至 2017 年末，全省常住人口 5902 万。在全国经济普遍放缓的大背景下，湖北省的经济发展保持了"稳中有进、进中向好"的良好态势，延续了"高于全国、中部靠前"的发展势头（图 2-2），经济增长的质效提升、活力增强、后劲更足，2017年完成生产总值 35478.09

图 2-1 黄石仙岛湖

图 2-2 船舶在湖北省武汉市阳逻港区水域行驶

亿元，其中，第一产业完成增加值 3528.96 亿元，第二产业完成增加值 15441.75 亿元，第三产业完成增加值 16507.38 亿元。主要经济指标均好于全国平均水平，增速在全国位次前移。

湖北省地形地貌见图 2-3。

（三）水资源条件

湖北省水资源量相对丰富，全省 2017 年自产地表水资源量 1219.31 亿立方米，地下水资源量 318.99 亿立方米，扣除重复计算量 289.54 亿立方米，全省水资源总量 1248.76 亿立方米，人均水资源量 2116 立方米。多年平均入境水量 6545 亿立方米，其中长江干流、洞庭湖水系、汉江入境水量分别为 4261 亿立方米、1905 亿立方米、353.49 亿立方米，过境水量丰富。水资源地区分布不均，鄂西北、鄂北岗地及鄂中丘

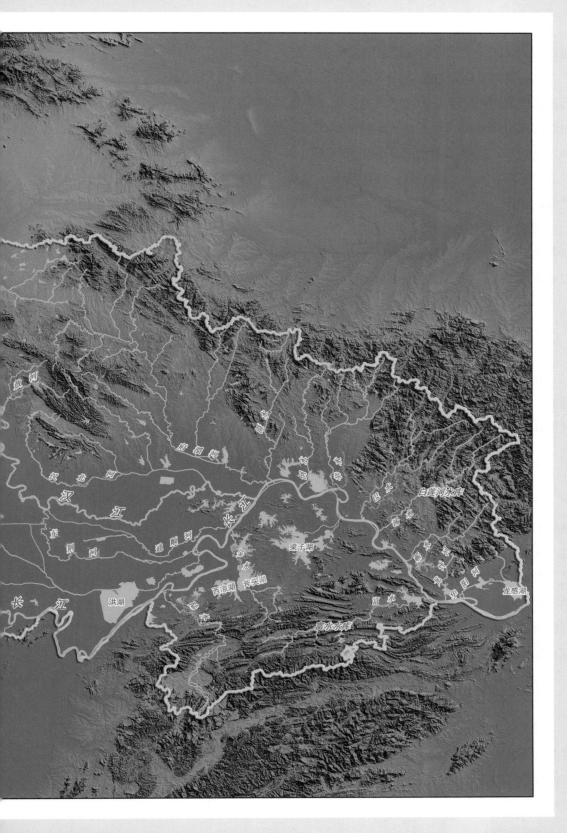

图 2-3　湖北省地形地貌图

陵区为少雨区，又无过境水可利用，旱情严重。

水污染问题日益突出，部分河湖水质污染严重。根据 2017 年《湖北省水资源公报》，河道水质监测评价河长 10822.5 千米，优于Ⅲ类水（含Ⅲ类水）的河长 9849.1 千米，占 91.0%，劣于Ⅲ类的水体主要分布在四湖总干渠、淦河、涢水、澴水、举水、巴水、浠水、神定河、泗河、蛮河、竹皮河、通顺河、东排子河、黄渠河、唐河、小清河、浰河、滠水、汉北河等部分河段，主要超标项目为氨氮、总磷、高锰酸盐指数。湖泊现状水质污染较严重，城市（内）近邻湖泊水质污染尤为突出，富营养程度较高。2017 年监测评价的 29 个湖泊中，轻度富营养湖泊 14 个，评价面积 1173.08 平方千米，占 71.4%；达到中度富营养湖泊 15 个，评价面积 469.6 平方千米，占 28.6%。水库水质相对较好，监测评价的 72 座水库中，Ⅰ~Ⅱ类水水库 45 座，Ⅲ类水水库 21 座，Ⅳ类水水库 5 座，Ⅴ类水水库 1 座。

二、存在的主要问题

在水利发展取得巨大成就的同时也要深刻认识到，水灾害风险加大、水资源约束趋紧、水污染问题突出、水管理体制滞后等新老水问题日益凸显，已成为制约湖北省经济社会可持续发展的重要瓶颈。

（一）水灾害风险加大，洪旱灾害威胁程度加重

特殊的地理位置和气候水文条件决定了湖北省作为"行洪走廊""蓄水袋子"，承接上游洪水量大、年汛期时段长，洪涝灾害呈多发频发趋势，同时旱涝急转的态势也不断凸显。2012 年、2013 年 70 多个县（市、区）发生暴雨洪灾，2014 年 50 多个县（市、区）受灾，受灾人口达到 175 万，受灾农作物面积约 200 万亩。干旱灾害发生频率和危害程度也在不断上升，尤其是 2011 年、2013 年和 2014 年，受灾农田均达到 1000 万亩以上。受全球气候变化影响，水资源基础条件可能朝着不利方向演进，极端和突发水事件风险不断加大，面临严峻的水旱灾害威胁。

（二）水资源供需矛盾日益突出，严重制约经济社会发展

湖北省人均自产水量仅 1724 立方米，低于全国平均水平；水资源时空分布不均，鄂北、鄂西北一带"十年九旱"，2010—2014 年多季连旱、持续大旱，旱期长、面积广、灾情重等特点突出，并且呈现出从鄂北岗地向江汉平原过渡地带蔓延的态势。汉江中下游地区水资源供需矛盾尤为突出，南水北调中线一期工程和引汉济渭工程实施后，丹江

口水库以上流域年均调水将超过 105 亿立方米（第二期工程实施后，将再增加 35 亿立方米），随着汉江中下游地区经济社会的快速发展，区域内水资源供需矛盾更加突出。

（三）水体水质污染问题突出，水生态环境保护形势严峻

长江及汉江沿岸城市存在岸边污染带，并呈扩展蔓延趋势。中小河流大多数受到了不同程度的污染，长江、汉江、东荆河、府澴河等均发生过水污染事故，严重影响了沿岸人民群众的生产生活。部分水库及供水水源地水质呈现不同程度恶化，农业面源污染问题趋于严重。部分地区地下水污染严重，尤其是江汉平原腹地，地下水水质类别一般为Ⅳ类或Ⅴ类。河湖岸堤、水势自然形态被人为改变，破坏了生物多样性；人水争地现象仍然存在，人为填湖导致湖泊总面积萎缩的问题没有完全解决；自然因素造成的水土流失形势依然严峻，人为造成水土流失尚未得到有效遏制。

（四）体制机制改革有待深化，水管理服务能力有待提高

涉水规划、政策、制度等体系建设需要进一步加强，最严格水资源管理的"三条红线""四项制度"有待进一步落实，全民、全社会投入水利基础设施建设的活力需要进一步激发，统一高效的水治理体系和有效保护水生态环境的体制机制有待完善，水利创新和行业发展能力有待加强，流域综合管理薄弱、基层管理服务落后、水利工程重建轻管等突出问题亟待解决。

三、水利发展面临的形势

党中央提出了"创新、协调、绿色、开放、共享"五大发展理念，要求把创新摆在水利发展全局的核心位置，不断增强水利发展的整体性，努力构建人水和谐发展水利现代化建设新格局，让水利发展成果惠及全体人民。国家制定了国家水安全战略，明确了"节水优先、空间均衡、系统治理、两手发力"的新时期水利工作方针，赋予了新时期治水的新内涵、新要求、新任务。习近平总书记在长江经济带发展座谈会上提出把修复长江生态环境摆在压倒性位置，共抓大保护，不搞大开发（图2-4）。这些新的发展理念和治水思路对推进湖北省水利基础设施网络建设、加强河湖水生态环境改善、提升水利社会管理服务能力等方面，指明了新的方向，提出了新的要求。

重大战略部署对水利改革发展提出了更高要求。在中部崛起、长江经济带发展、汉江生态经济带发展等战略引领下，湖北省委、省政府做出加快推进"建成支点、走

图 2-4　共抓大保护，不搞大开发

图 2-5　麻城水利扶贫带动农业产业增收

在前列"的战略部署，决定深入实施"一元多层次"战略和"五个湖北"建设，并提出实现"率先、进位、升级、奠基"四大目标。水是湖北省最大的资源禀赋和最大的发展优势。湖北省作为中部崛起的战略支点和长江经济带的发展引擎，迫切需要进一步推进现代水利基础设施网络建设，提高水资源利用效率，优化水资源配置格局，提高水安全保障能力，健全水生态保护与水环境治理体系，推动水利重点领域改革。

打赢脱贫攻坚战（图2-5）需要水利提供有力的支撑保障。习近平总书记在中央扶贫开发工作会议上强调，要按照贫困地区和贫困人口的具体情况，实施"发展生产脱贫一批，易地搬迁脱贫一批，生态补偿脱贫一批，发展教育脱贫一批，社会保障兜底一批"的"五个一批"工程。水利扶贫是中央扶贫开发战略格局的重要组成部分，加快解决贫困地区涉及群众切身利益的水问题，从根本上改变贫困地区水利建设滞后的局面，为实现扶贫开发总体目标提供强有力的支撑和保障，成为湖北省水利改革发展的重要任务。

总体来看，湖北省水利仍处于补短板、增后劲、上水平、惠民生的发展阶段，是加快完善水利基础设施网络、全面深化水利改革、加快推进水利现代化进程的关键时期，需要立足湖北省经济社会发展特点，牢牢把握国家和区域发展战略机遇，按照中央关于保障水安全和加快水利改革发展的总体部署，着力构建适应湖北省经济社会发展要求和人民群众期待的水利改革发展新格局。

第二节　江汉平原的基本概况

一、江汉平原的历史演变

　　江汉平原是古云梦泽的一部分，其演变过程与荆江、汉江河道的淤积和云梦泽的消亡密切相关。有关云梦泽一词的解说，一般学者认为，云是地名或国名，与郧相通，大致在今天的安陆市，梦是水域的意义，泽是沼泽，云梦泽的意义是在安陆一带的水面和沼泽。有学者认为，云和梦是两个不同沼泽或者湖泊，即江北为云，已经消失；江南为梦，逐渐发展成今天的洞庭湖（图2-6）。

　　对于云梦泽的范围，有人认为只在江汉平原核心区，有人认为包括了整个江汉平原，还有人将其扩充到江南的洞庭湖平原，甚至向东跨过省界，到了安徽省的华阳河和江西省西北部地区。

　　有关云梦泽的性质，也有不同说法。有学者认为，它是一个集中连片的湖泊。也有学者认为，它是分散于同一大洼地内的许多大小不一的湖泊。如张修桂等认为，"云梦"泛指春秋战国时期楚王的狩猎区，包括山区、丘陵、平原和湖沼等诸多地形，"云梦泽"只是其中一个部分，专指其中湖泊部分。还有学者认为，在距今6000年左右，江汉平原存在一个巨大的集中连片的湖泊，到3000年极盛期，其北缘跨越汉江，南缘跨越长江，几乎与今天的江汉平原相当。蔡述明等认为，在全新世既不

图2-6　洞庭湖

存在跨江南北的古云梦泽，也没有囊括整个平原的统一的云梦泽，但并不排除在高洪水期同一洼地的湖泊暂时集中连片成为大湖的可能性，只是洪水退却后，仍分解为众多的湖泊。这样的说法得到较多人的认同。

有关云梦泽的范围及历史变迁，各方说法不一，本书只采用比较公认的说法。中国科学院研究员、武汉大学历史地理研究所博士生导师蔡述明等在《全新世江汉湖群的环境演变与未来发展趋势》一文中写道，将近1万年来，江汉湖群的演变过程划分为三个阶段，即早全新世洪水位迅速上升的低洪水位阶段（距今10000—8000年），中全新世洪水位持续上升的高洪水位阶段（距今8000—3000年），晚全新世人类活动影响日益加剧阶段（3000年前—现在）。

本书综合各家观点，认为云梦泽和江汉平原湖群大致经历了以下几个阶段。

1. 盛冰期阶段

大约在距今10000年以前，全球气候进入盛冰期，气候干燥寒冷，海平面在–100多米，江汉平原的地层下降速度缓于江水下降速度，处于相对的抬升期。此时江汉平原较长江的洪水位明显偏高，江汉平原呈现出一片河网切割的高平原景观。

2. 冰后期

距今10000—8000年前，全球经过几个亚冰期及亚间冰期，气温波动式回暖，原来的沟谷已多为江河带来的砂砾覆盖，在四湖洼地和江南地区已有洪泛沉积。

此后，气温迅速升高，降水量增加，导致江河来沙量增大，东海的海平面迅速抬升到–20～–10米，整个长江中下游比降减小，泥沙发生溯源堆积，并波及江汉平原。此时长江洪水位迅速上升，但较今天仍显著偏低。许多低洼地区因洪水泛滥开始积水成湖。

3. 距今8000—3000年的中全新世

此时气候更加温暖潮湿，森林覆盖率高，土壤层发育，河水含沙量降低，但水量增加。东海的海平面已上升到今天的位置，而平原区地面相对江河水位明显下降，致使长江、汉江洪水泛滥的频率及地点不断增加，许多积水终年无法宣泄，江汉平原的湖群也进入普遍扩展时期。

4. 从距今3000年开始，云梦泽由盛转衰，最终衰亡

商周以后，长江、汉江泥沙的淤积量不断增加，逐步超过当地地面沉降量，导致古云梦泽由盛转衰，最终衰亡解体。

这个过程大约又可分为4个较小阶段。

（1）先秦至汉

从商代到秦的 1000 年时间，因为泥沙淤积，荆江三角洲和汉江三角洲不断东移推进，到西汉前期，两者联成为一体。城陵矶到武汉的长江左岸也因洪水泛滥而逐步成为平原。此时云梦泽东西两面受到荆江三角洲和长江左岸平原的约束，汉江以北区域全部成陆，内部又有沟通长江与汉水的夏水和涌水两大水系贯穿，虽然仍北连汉江，南连长江，"方圆九百里"，但已经呈现出明显的湖泊—沼泽形态。

在中国的古籍记载中，云梦泽是中国南方最大的湖泊，人们对它广袤的面积及丰富特产，留下了不少记载。如墨子为劝说楚国放弃攻打宋国，对楚王说了这么一段话："荆之地方五千里，宋之地方五百里，此犹文轩之与敝舆也。荆有云梦，犀兕麋鹿满之，江汉之鱼鳖鼋鼍为天下富，宋所谓无雉兔鲋鱼者也，此犹粱肉之与糠糟也。荆有长松文梓楩楠豫章，宋无长木，此犹锦绣之与短褐也。"（《墨子·公输》）其中"犀兕麋鹿满之……鱼鳖鼋鼍为天下富"，寥寥十多个字，就以白描的手法，把云梦泽（即今天的江汉平原）丰富的陆生动物（犀兕麋鹿）、水生生物（鱼鳖鼋鼍）充分展现出来。

到了西汉中期。司马相如在《上林子虚赋》（图 2-7）中，以铺张的手法极言云梦泽的气势，仅仅谈其周边的湿地环境，就写了长长的一段，活脱脱勾勒出一幅浩瀚云梦泽壮美的湿地生态图景——"臣闻楚有七泽，尝见其一，未睹其余也。臣之所见，盖特其小小耳者，名曰云梦。云梦者，方九百里……其东则有蕙圃：衡兰芷若，芎䓖昌蒲，茳蓠麋芜，诸柘巴苴。其南则有平原广泽，登降陁靡，案衍坛曼。缘以大江，限以巫山。其高燥则生葴菥苞荔，薛莎青薠。其卑湿则生藏莨蒹葭，东蔷雕胡，莲藕觚卢、庵闾轩于，众物居之，不可胜图。其西则有涌泉清池，激水推移，外发芙蓉菱华，内隐钜石白沙。其中则有神龟蛟鼍，瑇瑁鳖鼋。其北则有阴林：其树楩楠豫章，桂椒木兰，蘗离朱杨，樝梨梬栗，橘柚芬芳；其上则有鹓雏孔鸾，腾远射干；其下则有白虎玄豹，蟃蜒貙犴。"

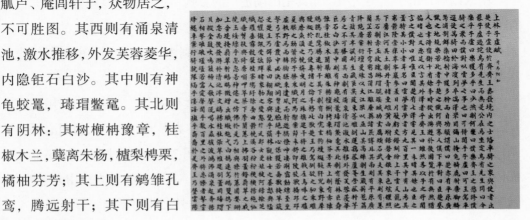

图 2-7 上林子虚赋

（2）魏晋南北期时期

从东汉末年开始，由于江汉新构造运动有着自北向南倾斜的趋势，荆江三角洲也不断向东南伸展，云梦泽西部渐次成陆，云梦泽主体先南移到华容附近，此后又不断东移，淹没了城陵矶到武汉长江左岸的泛滥平原，表面积似乎有过短暂的扩张，但整个云梦泽被切割成大浐湖、马骨湖、太白湖和一些大小不等的陂池，其范围仅余 200 千米，不及先秦时的一半，而且其深度也大为减少。

西晋以后，由于北方长期战乱，大量流民南下，加剧了这里的人地矛盾。公元 345 年，东晋权臣桓温命陈遵带领军民修建万城堤，揭开了荆江大堤兴修的序幕，也揭开了大规模围湖造地的序幕。越来越多的湖滩被开垦成农田，云梦泽又走上了持续萎缩的道路。

（3）唐宋时期

随着江汉内陆三角洲的进一步拓展，日渐浅平的云梦泽主体大多已经填淤成陆。唐宋时期，大浐湖已经不见记载；马骨湖在《元和郡县志》中为"夏秋汛涨……淼漫若海；然春冬水涸，即为平田。周回一十五里"。太白湖也已经沼泽化，陆游、范成大舟行此地时，已经是一片"葭苇弥望""巨盗所出没"的百里荒地。曾经盛极一时的云梦泽不复存在，只留下星罗棋布的湖沼，成为今天湖北"千湖之省"的雏形。

值得一提的是，由于云梦泽的萎缩，荆江洪水难以宣泄，在古云梦泽的西面，出现了一个规模较大的湖泊——三海。

（4）元代至今

南宋以后，由于人类活动，尤其是围湖造田的影响，统一的云梦泽已经消失，残存的太白湖也在明代逐渐消亡，荆州东部的三海也被一填再填，成为今天的长湖。洪湖初步扩张，但在很长时间没有形成大面积水体，直到 19 世纪后期，由于荆江的多次溃决，才成为今天的形态。

综合分析，导致云梦泽的发展演变的基本自然因素有两个：一是内力作用，即自 1 亿多年前白垩纪以来江汉平原地壳始终在不断下沉，为形成一个巨大的湖泊提供了条件。二是外力作用，以长江、洞庭湖水系、汉江（图 2-8）为代表的河流挟带大量泥沙在此淤积，不断填补因地面下沉导致的盆地。在很长一段时间，内力作用大于外力，云梦泽不断发展。到了距今 3000 年左右的时候，内力外力相对平衡，云梦泽进入极盛期。此外，外力因素超过内力，云梦泽由盛转衰。到距今 2000 多年的春秋战国期，

图 2-8　汉江

　　人类的力量开始影响云梦泽的演变过程，此后这个力量越来越强，最终导致云梦泽的彻底退出历史舞台。

　　直到今天，导致云梦泽消亡的诸多因素依然存在，如泥沙淤积、围湖造田（或造地），洞庭湖由盛转衰的过程与云梦泽几乎异曲同工，江汉平原诸多大湖分解成小湖，且湖泊底部淤高、湖水变浅、水草丛生，也在走云梦泽衰亡的老路。如果不加约束，洪湖、长湖、武湖等这些宽浅型的湖泊沼泽化进程会不断加快，而梁子湖、斧头湖、西凉湖等，沼泽化会稍慢一些，但一旦前者沼泽化完成，它们的沼泽化进程应该会大大加快。一旦沼泽化，湖泊就离衰亡不远了。

　　云梦泽的消失、洞庭湖的衰退，以及江汉平原诸多湖泊沼泽化趋势，为我们的水安全防治工作敲响了警钟。

　　云梦泽在商周以后的历史变迁过程，见图 2-9 至图 2-12。

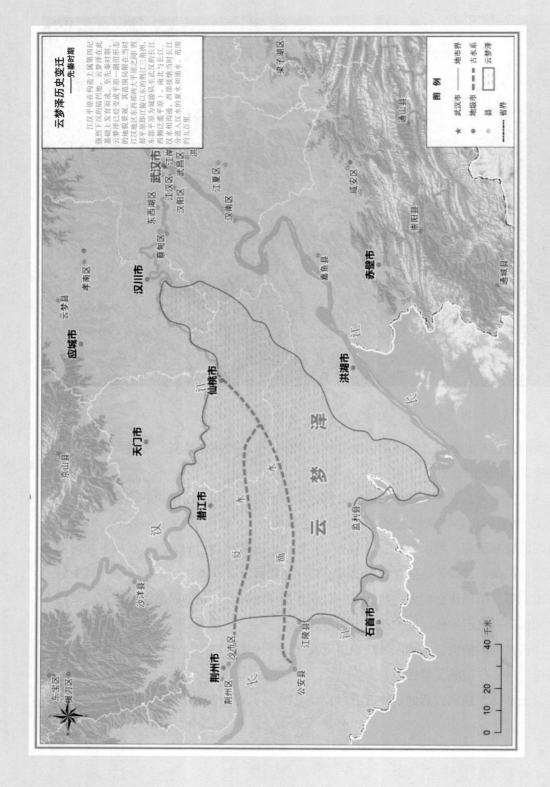

云梦泽历史变迁
——先秦时期

江汉平原在构造上属第四纪强烈下沉的相四级。云梦泽在此基础上发育而成。至先秦时期，云梦泽已经发育成平原沼泽形态的地貌景观，其范围局限在当时江汉地区东部偏西两大平原之间，西部平原即江汉以东的荆江三角洲，东部平原大致泛滥平原），南北与长江、汉水相沟通，西部接纳当时长江分流入汉水的夏水和涌水，范围约九百里。

图 例
★ 武汉市
● 地级市
● 县
━━━ 地市界
━━━ 古水系
▭ 云梦泽
╌╌ 省界

东宝区
掇刀区

荆州市
荆州区 沙市区
公安县
江陵县
石首市
监利县
洪湖市
仙桃市
潜江市
天门市
应城市
云梦县
孝南区
汉川市
武汉市
东西湖区
蔡甸区
江汉区
汉阳区
武昌区
江夏区
汉南区
嘉鱼县
咸安区
赤壁市
崇阳县
通城县
通山县
梁子湖区

京山县
沙洋县

云 梦 泽
江
汉
夏 水
涌 水

长 江

0 10 20 40 千米

图 2-9 云梦泽历史变迁示意图（先秦时期）

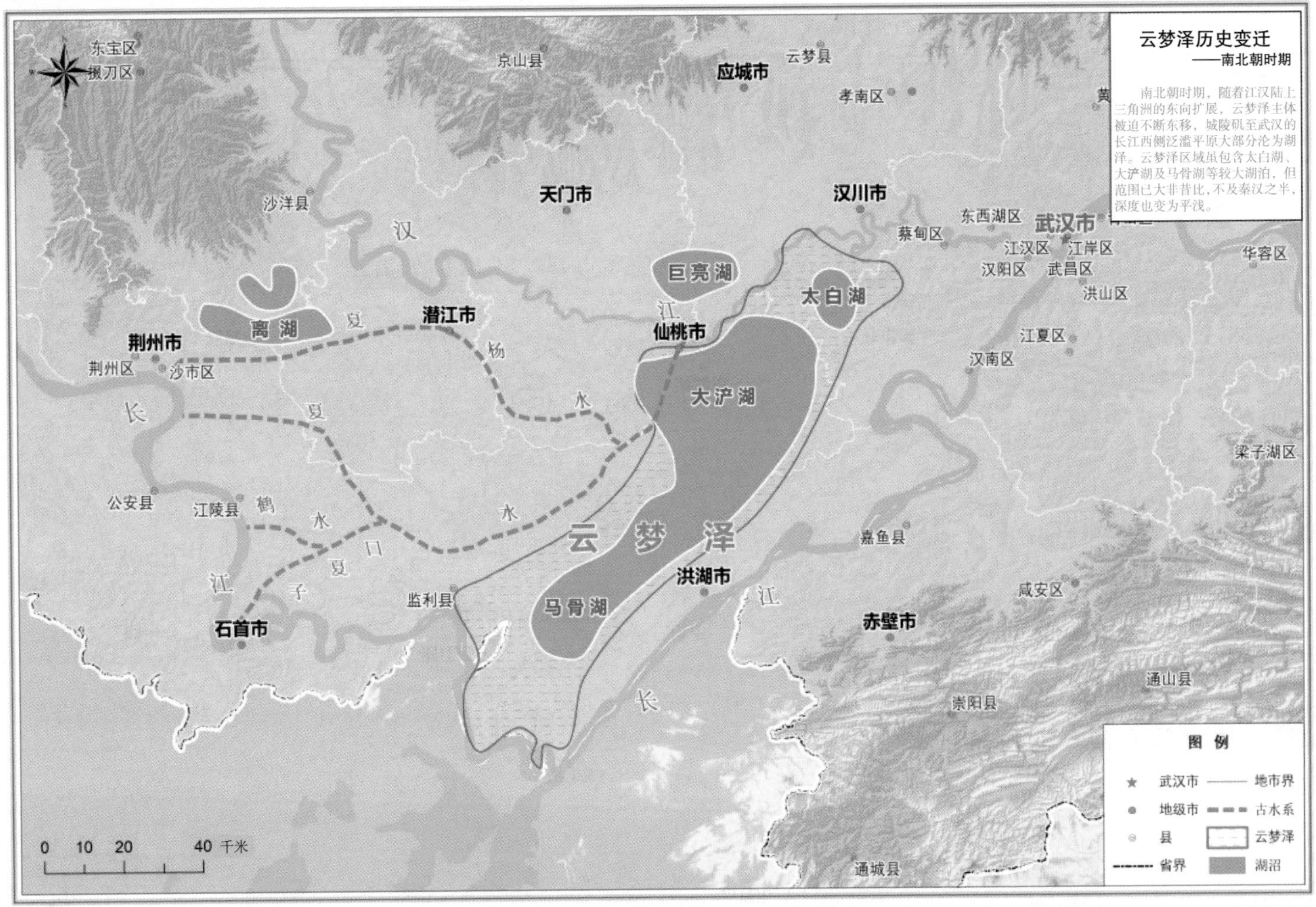
云梦泽历史变迁
——南北朝时期
南北朝时期，随着江汉陆上三角洲的东向扩展，云梦泽主体被迫不断东移，城陵矶至武汉的长江西侧泛滥平原大部分沦为湖泽。云梦泽区域虽包含太白湖、大沪湖及马骨湖等较大湖泊，但范围已大非昔比，不及秦汉之半，深度也变为平浅。
东宝区
掇刀区
京山县
应城市
云梦县
孝南区
沙洋县
天门市
汉川市
东西湖区
武汉市
蔡甸区
江汉区
江岸区
汉阳区
武昌区
华容区
洪山区
江夏区
汉南区
巨亮湖
太白湖
大沪湖
离湖
潜江市
仙桃市
荆州市
荆州区
沙市区
公安县
江陵县
监利县
石首市
洪湖市
马骨湖
云梦泽
嘉鱼县
咸安区
赤壁市
梁子湖区
通山县
崇阳县
通城县
汉
江
长
夏
杨
水
鹤
口
子
0 10 20 40 千米
图例
武汉市
地级市
县
省界
地市界
古水系
云梦泽
湖沼

图 2-10　云梦泽历史变迁示意图（南北朝时期）

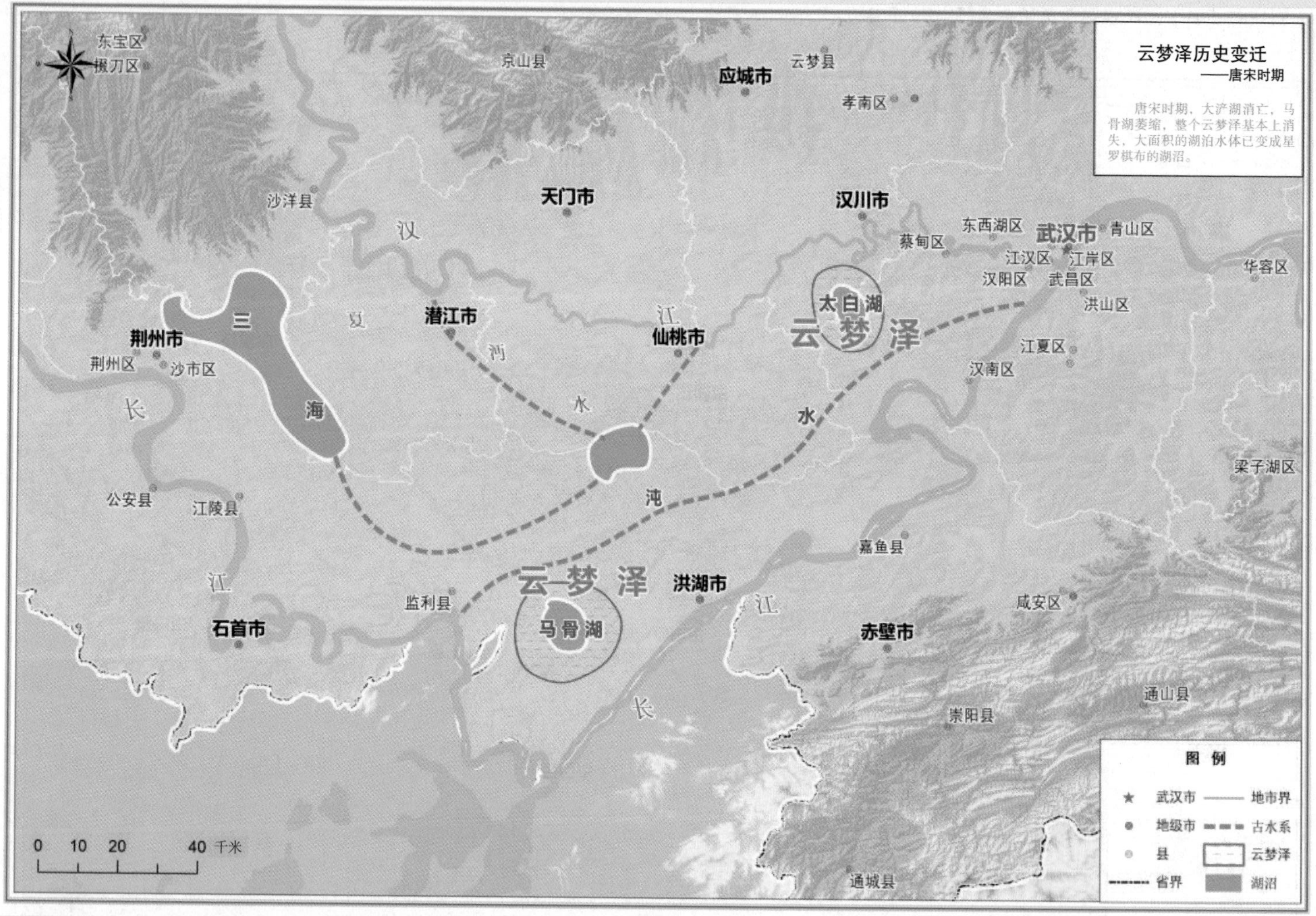

图 2-11　云梦泽历史变迁示意图（唐宋时期）

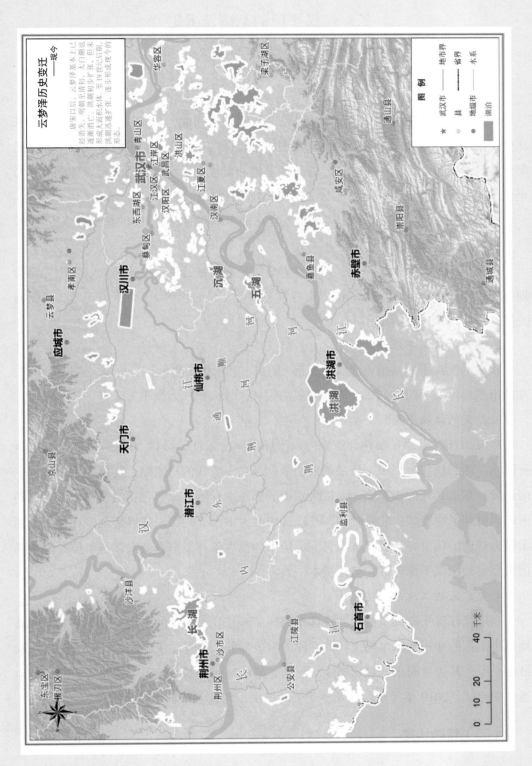

云梦泽历史变迁
——现今

云梦泽历史变迁

唐宋以后，云梦泽基本上已经消失。明朝至清初，太白湖也逐渐消亡，洪湖则步步扩张。但末形成大面积水体。至19世纪后期，洪湖迅速扩张，逐步形成现今的形态。

图 例

★ 武汉市　　—·— 地市界
◎ 县　　　　---- 省界
● 地级市　　—— 水系
▨ 湖泊

东宝区　掇刀区

荆州市　沙市区　潜江市　天门市　应城市　孝南区　汉川市　武汉市　东西湖区　蔡甸区　江汉区　硚口区　青山区　汉阳区　武昌区　洪山区　江夏区　华容区

荆州区　公安县　江陵县　石首市　监利县　洪湖市　嘉鱼县　赤壁市　咸安区　梁子湖区　通山县

京山县　沙洋县　仙桃市　云梦县

长湖　沉湖　东荆河　通顺河　内荆河　五湖　洪湖　长江　汉江　崇阳县　通城县　洪山区　汉阳

0　10　20　　　40 千米

图 2-12　云梦泽历史变迁示意图（现今）

二、江汉平原的范围及界定

（一）传统认识

江汉平原位于湖北省中南部，由长江和汉江冲积而成，是我国三大平原之一的长江中下游平原的重要组成部分，也是我国海拔较低的平原之一。同时，江汉平原还是湖北省及全国重要的商品粮、棉、油生产基地和畜牧业、水产基地，对保障湖北省乃至全国粮食安全意义重大。长江与汉江交汇处见图2-13。

有关江汉平原范围及面积，在学术上存在许多不同的观点，归纳起来有以下几种。

1. 最狭义的江汉平原

在较早的一些学术著作中，许多学者出于论述及统计的便利，将江汉平原界定为荆州地级市和天门、潜江、仙桃三个省管县级市，总面积约2.1万平方千米。这是有关江汉平原最狭义的界定。

2. 狭义的江汉平原

狭义的江汉平原是指由武汉市北部、荆州市和孝感市绝大部分区域，荆门市南部、宜昌市东部以及天门、仙桃、潜江组成的区域，总面积3万余平方千米。

3. 广义的江汉平原

广义的江汉平原是指湖北省境内以平原湖区为依托，海拔50米等高线以内的所有区域。西起枝江、当阳，连接鄂西山地；东迄于武穴的田家镇，连接大别山与鄂东南丘陵；东迄武穴的田家镇，连接大别山的鄂东南丘陵；南部包括整个荆州市，与湖南的洞庭湖平原连接；北到钟祥，连接鄂中的大洪山、荆山。此界定范围在早年得到了较为普遍的认可，如湖北省农科院、华中师范大学、华中农业大学等单位专家学者撰文界定的江汉平原范围，与此基本一致。

4. 更广义的江汉平原

在广义江汉平原的基础上，把鄂东地区流入长江、汉江的中小支流下游的河漫滩地及小面积的冲积平原也视为江汉平原的组成部分。这样江汉平原就涵盖了整个鄂东沿江平原，其边界向东扩展到鄂皖交界的龙感湖地区，基本涵盖了湖北省全部的集中连片平原区。2019年《中国国家地理》的撰文，与这一范围比较接近。

（二）精确认定

长期以来的不同认识，为人们认识江汉平原，了解江汉平原，从而对其进行规划、治理造成了不便。以官方的形式，对江汉平原的外延、内涵及其区域进行权威的表述，从而结束这种相对混乱的情况是十分必要的。为此，从 2013 年起，湖北省水利水电规划勘测设计院、武汉大学等单位对相关地区进行了长期的实地踏勘，综合各种要素和各方意义，对江汉平原的范围进行了精确论定。其中，确定东、西、南、北主要控制节点最为重要。

1. 南部边界

江汉平原与南面的洞庭湖平原紧密地联系在一起，合称两湖平原。前者由长江和汉江泥沙淤积而成，后者主要由洞庭湖水系泥沙淤积而成，它们在地面没有明显的分界线。此次勘察，仍依照传统"属地管理"的原则，以湖北、湖南省界对其划分。

2. 西部边界

确定西部节点，也就是江汉平原起点，是此次勘界工作的重中之重。传统上认识重要的节点有三个：一是宜昌南津关，它是长江上游与中游的分界点，有明显的地理标志——南津关出口，也有明显的人工建筑——葛洲坝工程。其正常水位 46 米，正好符合平原区 50 米以下的要求。只是在其下游，仍然有集中连片的丘陵区，作为江汉平原划界不太适合。二是宜都市的枝城，这里是荆江的起点，也是重要支流清江的汇

图 2-13　长江与汉江交汇处

入口。不过，枝城位于长江以南，且其下游向南转了一个很大的"U"形弯，与江汉平原连接不顺，也不太理想。三是荆州区的李埠，这里是沮漳河的入江口，也是荆江大堤和长江大堤沿江段的起点。不过，在它的上游有大片集中连片平原，选定李埠过于靠下。

为此，湖北省水利水电规划勘测设计院、武汉大学等单位在实地查勘的基础上，打破传统认识，最终选择枝江市的姚家港作为西部起点（图2-14，图2-15）。其理由如下：①这里位于长江北岸，荆州西部，正对大片平原，且其东部不存在集中连片的丘陵；②长江在此前刚刚流过此段最后一个丘陵——七宝山，此后很长距离也没有集中连片的丘陵。唐代伟大诗人李白青年时期在出蜀漫游途中，也在此附近写下了著名诗句"山随平野尽，江入大荒流"（《渡荆门送别》）；③姚家港正对的百里洲，是湖北省长江上最大的洲滩，是楚文化的发祥地之一，对长江水文的影响十分显著。

3. 北部边界

由于大洪山的横亘，许多河流由此向南进入江汉平原，因此在南边出现了几个相对深入的阶地和平原。本次考察选取了其中较为重要的两个节点：一个是西北边的碾盘山，位于汉江最后一个峡谷和最后一个梯级所在地。另一个是孝昌县的王店镇，它位于澴河西支应山河与中支广水河的交汇处，较三大支流交汇的孝昌县城更偏北，也

图2-14　江汉平原起点姚家港效果图

图 2-15　考察组在江汉平原起点姚家港合影

是 50 米等高线能够囊括的最北边缘。

4. 东部边界

这也是江汉平原 4 个边界最难确定的一个。传统的界定在武汉，具体地点或在南岸嘴（汉江汇入长江处），或在堤角（张公堤与长江大堤交接处），或在谌家矶（府河入江处），最远划到滠口（滠水入江处），其理论依据是汉江的汇入点最远也就影响到府河，再往下的倒水、举水、巴水、浠水等，不仅地质水文情况与平原区内各河不同，连称呼也不一样（其上多称河，其下多称水），而且这里丘陵靠近江边，沿江平原较为狭窄，长江在此抵达中游地区的最北端，很容易划出天然界限。这个说法在很长一段时间得到各方认可。不过，它将鄂东平原排除在江汉平原之外，还将省会武汉划分为三个片，从区域完整性考虑存在一定的不足。

另一个临界点在武穴的田家镇，从这里往下，长江两岸都出现了集中连片的丘陵区，而且其对岸正好是湖北沿江最东边的阳新市富池镇，容易划界，也能解决了武汉市一分为三的难题，但在田家镇以下仍有较长的平原江段，沿江支流涉及的阶地、台地甚广，尤其是龙感湖作为湖北省重要的湖泊被排除在外，也存在一定的不合理性。因此在划界过程中，有意将整个鄂东平原全部纳入江汉平原的范围。

确定东西南北的几个重要控制点后，考察组对江汉平原的具体边界进行了仔细查勘，形成了最新的江汉平原区域地图。经精确测定，江汉平原海拔高程 50 米以下范围涉及全省 12 个地市的 56 个县（市、区），国土面积共计 7.48 万平方千米（其中 50 米等高线以下面积约 4.69 万平方千米）。

基于以上依据，湖北省确定了江汉平原相对合理的范围，西起枝江市姚家港，连接鄂西山地；东迄黄冈市黄梅县，连接龙感湖；北沿汉江、涢水达钟祥、安陆以及麻城等地，连接大洪山、荆山；南部与湖南的洞庭湖平原和幕阜山连接。

2019 年 3 月，武汉大学、湖北省水利水电规划勘测设计院、宜昌市水利局、枝江市人民政府、枝江市水利局在枝江市进行了详细查勘，一致认为姚家港作为江汉平原起点比较合理。至此，围绕江汉平原范围及界定的诸多问题，第一次有了清晰而明确的答案。江汉平原在湖北省的相对位置见图 2-16。

（三）界定依据

湖北省针对江汉平原基本区域与界线的划定，有着充分的地质、地理依据，也有充分的历史、人文、水系依据。

1. 地质依据

在地质构造上，江汉平原属扬子准地台，在整体上相对周边地区呈沉降趋势。除龙感湖（地质上属古彭蠡泽）外，江汉平原的绝大部分位于古云梦泽的范围内，其水系、湖泊、土壤乃至生物类型均与长江、汉江填充古云梦泽的历史密切相关，体现出明显的一致性，这是区分江汉平原最重要的地质依据。

2. 地理依据

江汉平原地势低平，与周边的山区、丘陵及岗地表现出明显的差异。其中 50 米等高线是划分其边界的基础依据，此外能够集中连片又是划分具体片区的标准。江汉平原的 50 米等高线在西部较为清晰平滑，但在东部和北部较为曲折。因此，诸多学者常从习惯出发，将那些延伸较远的中小河流河漫滩及小面积的冲积平原排除在外，或者将鄂东北和鄂东南的平原区整体划出，另外取名为鄂东平原，从而众说纷纭，莫衷一是。

此次对湖北全省 50 米等高线覆盖范围进行全面梳理，并以此为基础，以合并同类项的方式取得全省中东部平原区的最大公约数，以此作为江汉平原的划界原则，既符合自然地理的标准，也有利于对全省平原区水安全进行统一治理。

3. 历史依据

在长期的历史发展过程中，江汉平原形成自己的鲜明特色是在新石器时代，这里是屈家岭、石家河文化集中分布区，西周时期，为"周南"之地，分布着与周王朝同姓的诸多小诸侯国（汉东诸姬），春秋中期以后，这里成为楚国的核心控制区。与周边的秦、巴、吴、越及其江淮和中原各国保持着一定的距离；此后 2000 多年，江汉平原始终是湖北地区的政治、经济与文化中心，对周边地区具有强大的吸引力。因此，江汉平原是湖北省的精华地区，湖北省界在南部和东部一些没有明确自然边界的地方成为重要的划界标准。

4. 人文依据

人文也是划分江汉平原与其他地区的重要依据。从语言区划分，江汉平原为西南官话湖广型（武汉亚型和石首亚型）的主要分布区，这是与南方湘、赣方言区和东边江淮官话方言区的重要划界标准。平原区有的种植业以水稻为主，养殖业中鱼类占有较大比重，可与主要以小麦、玉米生产为主，肉食较多的山区划分开来。

5. 水系依据

作为长江和汉江淤积形成的土地，江汉平原大多数地区地势低平，区域内水系比降较小，曲流发育，崩塌坍岸或裁弯取直频繁，很难出现稳定河床。此外，许多河流在其中下段出现与长江、汉江平行的向东向南的同心圆状水系，这也与周边水系有较大差别。这也是我们在划分江汉平原时所参照的重要依据。

（四）界定意义

对江汉平原范围的精确确定，是近年来湖北省水利史上的一件大事，它结束了长期以来困扰人们的江汉平原范围、区域的问题，有利于各方统一思想、集中精力，凝心聚力搞建设，一心一意谋发展，也为有关部门制定统一的江汉平原的水安全治理规划打下坚实的基础。

1. 有利于长江流域防洪体系建设

江汉平原长江汉江沿岸分布有众多的湖泊、堤防及分蓄洪区，是长江防洪体系的重要组成部分，它上承长江干流及洞庭湖洪水，下泄到长江三角洲和太湖流域，对它的精确认定，不仅有利于保障区内的防洪安全，还可以有效地保障长江流域的防洪安全。

2. 有利于提高长江流域水生态安全保障

江汉平原分布有众多的湖泊湿地、自然保护区和国家级鱼类自然保护区，以及水产种质资源自然保护区，对它的精确认定，对维持长江流域生态平衡有重要作用。

3. 有利于加快区域现代农业发展，保障国家粮食安全

江汉平原是我国九大商品粮之一，区内耕地面积占全省总面积的 56% 以上，是

图 例

江汉平原 50 米等高线以下范围

江汉平原涉及行政区全域

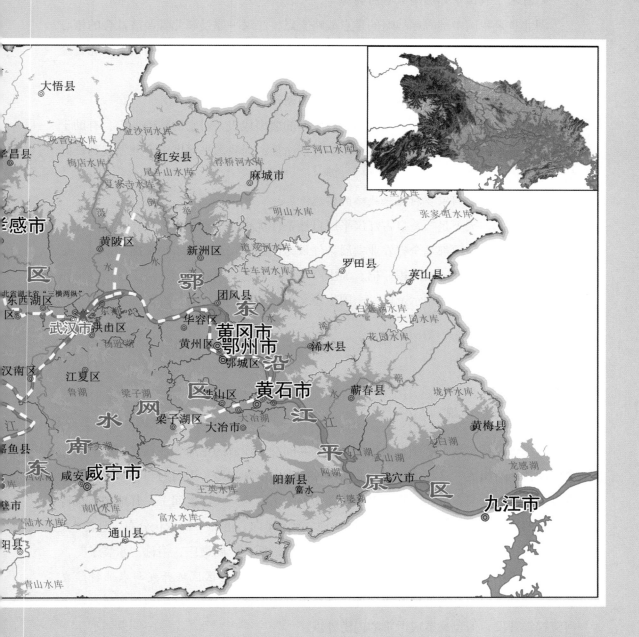

图 2-16　江汉平原在湖北省的相对位置图

我国重要的粮食主产区，对它的精确认定，对统筹江汉平原现代农业建设、巩固国家商品粮基地地位和保障国家粮食安全，都有积极的现实意义。

4. 有利于我国中部崛起战略的实施

湖北省是我国中部崛起战略的重点战略支点，江汉平原是湖北省经济社会的核心地区，对它的精确认定，有利于实施江汉平原水安全发展规划，不仅是实施湖北省经济跨越式发展的重要保障，也对国家中部崛起战略有推动作用。

5. 有利于探索平原湖区水资源系统治理的新途径

江汉平原湖泊水网密布，是我国平原湖区的典型代表，对它的精确认定，有助于探索系统治理南方平原湖区山水林田湖的有效途径，为我国平原区综合开发起到良好的示范作用，引领经济社会又好又快发展。

6. 有利于推动国家乡村振兴战略的实施

"湖广熟，天下足"，自古江汉平原自然条件优越，是湖北省举足轻重的区域。一直以来，江汉平原都是全省农业发展条件最为优越和农业发展水平最高的地区，是湖北省乃至全国重要的商品粮、棉、油生产基地。对它的精确认定，对于将江汉平原打造成全国乡村振兴战略示范区、全国生态文明建设示范区有着良好的推动作用。

三、自然条件

（一）地形地貌

江汉平原是古湖盆基础上由长江与汉水共同冲积而成的平原，在现代地貌上由三个河间洼地所组成，这三个洼地自北向南依次为氵父汊湖洼地（天门河与汉水之间）、排湖洼地（汉水与东荆河之间）以及四湖洼地（东荆河与长江之间）。其地貌组合特点是天然堤（或人工堤）与条状的河间洼地、河流呈向心形的平行带状分布，地表"大平小不平"。其中以四湖洼地为核心的地带地势最低，范围最广，俗称"水袋子"，是江汉平原的中心地区（参见蔡述明等《江汉平原四湖地区区域开发与农业持续发展》）。从平原中心的低地渐次向外呈梯级上升为岗地、丘陵。这种地貌形势有利于河流梯级开发，但也易造成严重的内涝外洪。

除自然地貌外，人工地貌在江汉平原也占有十分重要的地位，其中以堤防最为重要。今天的江汉平原，江堤、河堤、湖堤、垸堤数量众多，密如蛛网。许多天然河流都经过人工改造，并呈现渠化的面貌。

（二）气候

从气候条件来看，江汉平原处于北亚热带季风气候。温暖湿润，雨热同期，热量充足。多年平均气温为 17℃。最热月份为 7 月，平均气温约为 28.6℃，极端高温 41.7℃；最冷月份为 1 月，平均温度为 4.1℃，极端低温为 −16.2℃。年均日照时数为 1775 小时；平原区年降水量约 1266 毫米。降水年内分配不均匀，夏半年由于来自南方的温湿气候的影响，降水丰富，以 4—8 月最为集中，约占全年的 65%；冬半年在北方干冷气流的控制下，降水较少。

（三）土壤与植被

作为典型的冲积平原，江汉平原土壤深厚、肥沃。耕作土壤以水稻土和潮土为主，水稻土又可分为潴育型、潜育型和沼泽型等亚类。其中，潴育型水稻土熟化程度高，地下水位低，是水稻种植的理想土壤。潜育型、沼泽型水稻土通常称为"低湖田"，地下水位高，长期渍水，适宜种植单季稻。潮土主要分布在高亢地带，质地以壤质为主，土体疏松，地下水位低，水、气较协调，土壤肥力高，适宜种植旱地作物（参见蔡述明等《江汉平原四湖地区区域开发与农业持续发展》）。

良好的自然条件，使江汉平原适于生长落叶阔叶与常绿阔叶混交林。但由于长期以来人类活动的影响，这里的原生植被遭到破坏，仅在低丘或边缘垄岗和蚀余丘陵上有少量残存，大部分地区已辟为农田，作物以水稻、小麦、棉花为主。湖区水域及其边缘地带有大量的水生和沼生植物，如芦苇、苔草及藻类等。在低丘及村落周围，有一些次生林和人工栽培林（参见李文漪等《湖北江汉平原及神农架山区晚第四纪植被与环境》）。

（四）自然资源

1. 土地资源

江汉平原历来是长江、汉江的洪泛区，有集中连片的深厚、疏松的土层，有利于灌溉农业的发展。就土地类型而言，江汉平原面积最大的是耕地，其次为水域，属于典型的"水乡泽国"地理景观。2017 年，江汉平原共有耕地 3111 万亩，占区内国土面积的 28%，占全省耕地总面积的 59%。

2. 农业资源

江汉平原沃野千里，土层深厚，适宜各类粮食作物和经济作物生长，是我国少有的稻、麦、粟、棉、麻、油、糖、鱼、菜都能大量出产的地区。

粮食作物以水稻为主，小麦次之。其中水稻播种面积广，可一年三熟，产量高、质量好，为全国十二大商品粮主产区之一。经济作物以棉花为主，以大豆、芝麻、油菜等油料作物为辅，始终是我国重要的产棉区。在水产方面，江汉平原江河纵横、湖泊众多，是中国的著名水产区，不仅盛产青、草、鲢、鳙"四大家鱼"，鲤、鲫、鳜、鳊、乌鳢等鱼类亦丰，还盛产虾、蟹、贝类、莲、藕、菱、芦苇和水禽。

3. 矿产资源

江汉平原矿产资源丰富，武汉已发现矿藏 38 种，其中探明储量的有 24 种，累计探明储量 9.6 亿吨，荆州地区的矿产资源主要有卤盐、石油、煤、硫铁矿、铅锌矿、重晶石、膨润土等；荆门地区共探明储量的矿种有 50 多种，矿床 543 处；其中在石油钻探和航天工业等领域有广泛用途的累托石储量 673 万吨，居全国之首（董利民，《江汉平原水资源环境保护与利用研究》）。此外，黄石大冶的铜矿、铁矿及孝感应城的石膏矿，在全国都拥有重要的地位。

四、经济社会状况

江汉平原地势平坦、土地肥沃、物产丰富、交通便利，拥有得天独厚的自然条件和"得中独厚"的区位优势；自古以来就吸引了四方客商，商品经济发达，城市密布，人口集中，是我国著名的富饶平原之一，是湖北省政治、经济、文化中心，也是我国中部社会经济最为发达的地区。第一、二、三产业在我国的国民经济中占有重要地位。

江汉平原兼具通江达海、中西联动的地理优势，"水陆空"立体交汇的交通优势，"千湖蓝水千湖月，江汉处处涌碧波"的生态优势和江河湖泊星罗棋布、纵横交织的水资源优势。长江经济带、汉江生态经济带、"武汉城市圈"全国两型社会建设综合配置改革试验区、洞庭湖生态经济区等一系列国家战略在此交汇叠加，是我国内河流域保护开发示范区、中西部联动发展试验区、长江流域绿色发展先行区，综合优势突出，发展前景广阔。

江汉平原与长江经济带、汉江生态经济带等国家战略区位关系见图 2-17。

（一）工业

江汉平原拥有门类齐全的工业体系，是我国主要制造业基地和老工业基地之一。2017 年，江汉平原的地区生产总值 23708 亿元，占全省总量的 67%。

江汉平原内，拥有以钢铁、汽车、化工、冶金、造船和机械制造等完整的重工

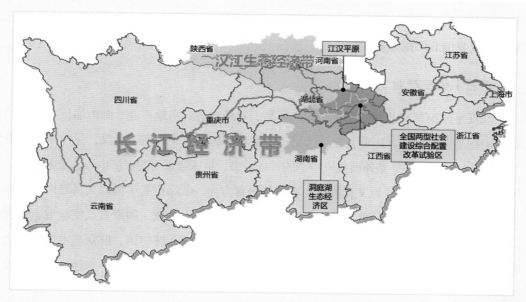

图 2-17　江汉平原与长江经济带、汉江生态经济带等国家战略区位关系

业体系，以纺织、食品、家具、造纸、印刷、日用化工为代表的轻工业，以及以光电子、生物、医药为代表的新型产业，构建了完整的工业体系。拥有武钢、武重、武船、东风汽车公司、华新水泥等特大型工业企业，几乎集中了湖北全省工业企业的精华。

然而，由于种种原因，江汉平原区域经济发展在近些年来并不理想，GDP 在全国的比重不断下降。不仅民营企业发展欠佳，武钢、长航、华新水泥等重要国企也面临困境。黄石、荆州等城市在省内经济排名有所下降，这些都为江汉平原的工业发展敲响了警钟。

（二）农业

江汉平原农业发展历史悠久，历来享有"鱼米之乡"的美誉，有着丰富的农业生产经验。先天的地理和资源优势、丰富的农业经验，不断推进区域农业快速发展，使江汉平原成为湖北省最重要的农业生产区。2017 年，江汉平原耕地面积约 3111 万亩，占全省总量的 59%；农业总产值约 3769 亿元，占全省总量的 61%；渔业总产值约 900 亿元，占全省总量的 82%；粮食总产量约 1730 万吨，占全省总量的 61%；棉花总产量约 16 万吨，占全省总量的 88%。

江汉平原是全省乃至全国的重要棉、粮、油种植区，也是全省主要和全国重要的生猪和禽蛋生产中心。江汉平原河湖密布，是湖北省最大的淡水养殖业基地，也是全国最主要的淡水养殖和商品生产基地。独特的自然资源和条件给这里的乡镇企业提供了广阔的平台和不可多得的机遇。

伴随着长江经济带的发展，江汉平原的农业对于区域粮食安全意义越来越大。江汉平原不仅是湖北中部崛起战略的重要基石，也是我国未来长江经济带生存与发展的支柱。

（三）第三产业

江汉平原第三产业相对发达，国内贸易、对外经济、房地产业、邮电通信及金融保险业均在全省占据极大比重，是全国第三产业精华区。其中心城市武汉，是中国首批沿江对外开放城市之一，是外商投资中部的首选城市，是国家重要的经济中心、金融中心、国际会展中心。江汉平原文化发达，在科技教育方面，武汉市是中国四大科教中心城市之一。拥有的普通高校总数，在校研究生、本科及大专生总数，国家重点实验室、教育部重点实验室数量均位居中西部第一。拥有的公共图书馆、博物馆、群众艺术馆和文化馆也处于中部地区领先水平。在交通运输方面，江汉平原公路、铁路、水运、航空均较发达。

江汉平原社会经济基本情况见表 2-1。

表 2-1　　　　　　　　　　　江汉平原社会经济基本情况表

行政区		行政区面积（平方千米）	50米等高线以下面积（平方千米）	总人口（万）	地区生产总值（亿元）	农业总产值（亿元）	常用耕地面积（万亩）	粮食产量（万吨）	棉花产量（万吨）	油料产量（万吨）
武汉市	8个主城区（含东西湖区）	1450.5	1450.5	722.6	8645.9	29.8	40.3	2.5	0.1	0.7
	汉南区	287.1	287.1	13.41	143.12	23.93	11.27	2.60	0.05	0.05
	蔡甸区	1093.2	1093.2	72.94	397.65	71.95	39.66	12.71	0.26	0.97
	江夏区	2018.3	2014.8	91.37	770.98	151.53	70.21	20.75	0.01	2.68
	黄陂区	2256.7	1325.3	98.73	702.49	187.79	89.03	32.33	0.15	5.51
	新洲区	1463.4	1280.9	90.21	676.32	128.01	61.40	22.58	0.51	4.08
黄石市	4个主城区	251.0	251.0	72.75	550.68	4.34	2.54	1.10	0.02	0.26
	阳新县	2780.0	1263.8	83.23	249.74	84.96	65.78	31.43	0.13	4.79
	大冶市	1566.3	928.8	91.07	590.94	70.17	49.94	25.36	0.12	5.02
宜昌市	当阳市	2159.0	303.8	46.96	493.00	131.26	79.94	46.53	0.29	6.81
	枝江市	1310.0	623.7	49.76	491.60	131.14	50.94	31.57	0.70	4.75
鄂州市	梁子区	500.0	444.1	14.51	77.44	52.00	19.42	11.39	0.03	1.26
	华容区	493.0	493.0	24.93	277.84	45.12	18.51	7.38	0.12	1.43
	鄂城区	600.0	600.0	68.25	552.28	63.48	17.68	8.27	0.10	1.54

续　表

行政区		行政区面积（平方千米）	50米等高线以下面积（平方千米）	总人口（万）	地区生产总值（亿元）	农业总产值（亿元）	常用耕地面积（万亩）	粮食产量（万吨）	棉花产量（万吨）	油料产量（万吨）
荆门市	京山市（含屈家岭）	3520.0	451.5	62.51	366.12	101.46	118.29	72.02	0.23	4.73
	沙洋县	2044.0	1114.3	56.67	270.91	112.19	121.43	90.24	0.21	10.81
	钟祥市	4488.0	1016.2	101.56	463.46	128.10	192.99	99.21	0.80	9.16
孝感市	孝南区	1018.3	939.6	92.90	316.48	57.58	53.48	23.48	0.23	3.17
	孝昌县	1191.5	317.9	59.89	120.32	56.76	58.74	26.82	0.06	3.74
	云梦县	605.3	545.5	53.68	235.47	60.48	37.24	24.81	0.12	2.12
	应城市	1095.6	922.9	60.59	287.10	81.39	64.96	36.14	0.16	2.97
	安陆市	1352.8	238.2	58.33	213.21	60.91	64.82	44.24	0.05	1.88
	汉川市	1658.6	1658.6	103.70	500.12	118.75	93.95	56.72	0.82	2.81
荆州市	沙市区	519.0	519.0	66.20	277.33	0.00	19.23	7.71	0.23	0.95
	荆州区	1046.0	882.6	58.37	270.28	69.09	51.82	29.54	0.33	2.65
	公安县	2257.0	2249.8	86.28	248.91	110.66	129.28	90.45	1.51	9.67
	监利县	3460.0	3449.4	104.73	270.92	173.02	176.23	137.61	0.81	11.82
	江陵县	1032.0	1032.0	33.46	82.01	42.84	68.00	50.22	0.32	5.08
	石首市	1427.0	1419.5	56.95	169.03	66.53	66.64	30.06	0.74	3.50
	洪湖市	2519.0	2514.1	81.32	236.93	137.51	76.04	68.48	0.34	8.57
	松滋市	2235.0	818.2	76.86	270.11	73.53	94.59	51.07	0.49	2.65
黄冈市	黄州区	362.4	353.9	39.63	223.50	24.11	10.33	4.44	0.28	0.53
	团风县	831.7	342.4	34.59	101.71	26.45	28.58	11.18	0.15	1.47
	红安县	1791.4	206.9	60.92	153.81	39.80	60.33	17.50	0.05	8.41
	浠水县	1951.1	808.2	88.20	239.64	103.48	71.89	41.94	0.37	6.24
	蕲春县	2398.4	793.0	78.17	229.97	83.92	67.16	46.30	0.22	5.60
	黄梅镇	1707.8	1329.7	86.94	206.45	81.14	76.79	48.28	0.43	5.47
	麻城市	3604.0	286.7	88.04	302.77	98.52	104.07	36.58	0.35	8.77
	武穴市	1241.7	915.9	66.00	290.29	87.66	50.93	34.68	0.39	4.59
咸宁市	咸安区	1502.0	561.3	52.85	200.03	30.46	52.83	19.59	0.01	4.43
	嘉鱼县	1018.4	1018.4	31.75	231.58	76.53	33.76	18.20	0.04	1.59
	赤壁市	1723.0	901.7	49.09	391.28	78.10	41.21	28.95	0.07	4.35
仙桃市	仙桃市	2520.0	2520.0	114.10	718.66	143.86	118.93	75.69	1.08	11.82
潜江市	潜江市	1930.0	1930.0	96.50	671.86	128.97	122.53	63.71	0.87	5.37
天门市	天门市	2528.0	2498.2	128.35	528.25	139.27	167.51	88.05	1.45	10.12
合计		74807.5	46915.6	3769.85	23708.49	3768.55	3111.2	1730.41	15.8	204.89
湖北省		185900	185900	5902	35478	6130	5236	2846	18	308
江汉平原占比		40%	25%	64%	67%	61%	59%	61%	88%	67%

资料来源：《湖北省2018年统计年鉴》。

第三节 江汉平原水资源状况

一、水资源的构成

江汉平原的水资源主要由地表水、地下水两部分构成。

区域内多年平均降水量 1266 毫米，折合降水量约 590 亿立方米。

区域内地表水以客水为主。每年过境客水 6394 亿立方米，其中长江干流为 4190 亿立方米，洞庭湖流入约 1855 亿立方米，汉水流入 331 亿立方米。长江干流出境水量为 7289 亿立方米，其他河流出境约 16 亿立方米。具体到平原区，每年过境约 5500 亿立方米，自产水量约 379 亿立方米。

江汉平原的地下水也较为丰富，堪称地下天然水库。多年平均地下水资源量约 132 亿立方米，其中与地表水重复利用量约 93 亿立方米。

初步估算，江汉平原当地自产水资源总量约 419 亿立方米。人均水资源量为 1110 立方米。江汉平原当地水资源量基本情况见表 2-2。

表 2-2　　　　　　　**江汉平原当地水资源量基本情况表**　　　　（单位：亿立方米）

分区	地表水	地下水资源量	地表、地下水资源重复计算量	水资源总量
汉北区及汉江兴隆以上两岸、滠水及以西范围	68	34	32	71
通顺河流域及江尾区	19	9	5	23
"四湖"流域	64	26	12	78
荆南"四河"区	30	10	4	35
鄂东南湖群	104	25	16	113
滠水以东	94	28	24	99
合　计	379	132	93	419

二、主要河流及蓄水工程

江汉平原水网密集，主要由河流、湖泊、沼泽等天然湿地和水库等组成。

江汉平原水系示意图见图2-18。

（一）河流

江汉平原地势低平，河渠纵横交错。区域内水系以长江、汉江为轴心的向心型水系。据统计，区域内流长在100千米以上的河流26条，10千米以上的河流500多条。主要河流如下：

1. 长江

长江是世界第三长河、中国最大的河流，也是江汉平原所有水系的母亲河。全长6300余千米。在宜昌枝江姚家港进入江汉平原，到鄂赣交界处的黄梅县刘佐乡出境，区域内全长900余千米。区域内河段大约可分为荆江、城陵矶—武汉，以及武汉—黄梅段。长江是江汉平原水资源的主要来源，长江上游洪水也是构成江汉平原洪水的主体。

2. 汉江

汉江是长江最大的支流，干流全长1577千米，流域面积15.9万平方千米。其中钟祥以下流经江汉平原，长约382千米。与长江相比，汉江的水质清澈，含沙量低；但平原河道蜿蜒曲折，而且越往下游河道越窄，因而洪涝灾害十分频繁。

新中国成立后，随着丹江口水利枢纽工程、杜家台分蓄洪区以及沿江堤防建设，汉江的防洪形势有所好转。近年来，随着陕西引汉济渭、南水北调中线工程以及鄂北调水工程的相继实施，汉江下泄量减少，出现了一定程度的缺水问题。

3. 其他河流

除长江和汉江外，江汉平原还有众多的中小河流，按水系划分大致可划分为"四湖"流域、通顺河流域、府澴河流域、汉北河流域以及荆南"四河"水系、鄂东南水系、富水流域、鄂东北诸河水系等。其中东荆河、内荆河（其下游即"四湖"总干渠）、通顺河、汉北河等为典型的平原河流，其流域面积、比降和水量均较小，在洪水构成中占比不大，但易受渍涝灾害。鄂东南和鄂东北诸河为典型的山区河流，仅在最下游流经平原区；其洪水往往历时短、变化快，内涝较平原河流稍弱，但在上游部分地区可能产生山洪灾害。沮漳河、府澴河、富水兼具山区河流与平原河流特性。而荆南"四河"则是长江向洞庭湖宣泄洪水的通道，本身不产流，其水量大小与长江来水密切相关。

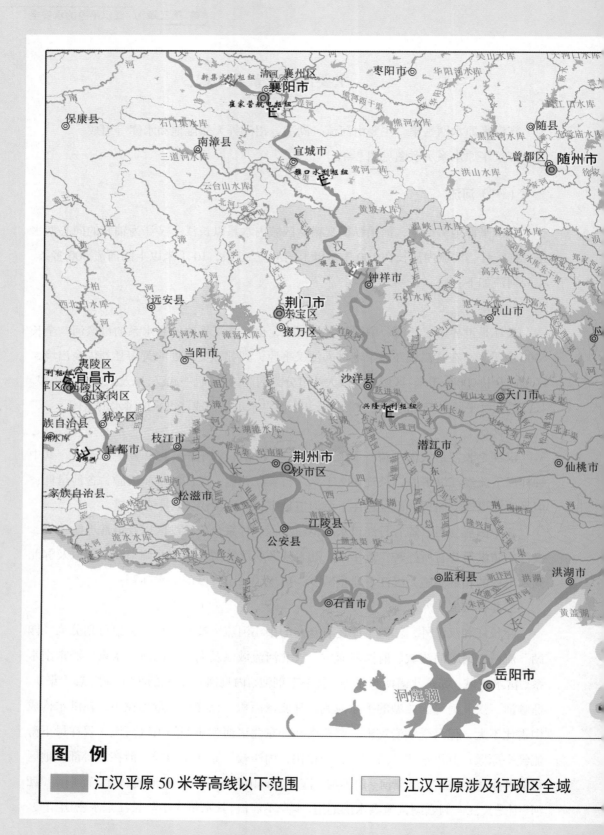

图 例

| | 江汉平原 50 米等高线以下范围 | | 江汉平原涉及行政区全域 |

图 2-18　江汉平原水系示意图

江汉平原主要河流（不含长江、汉江）特征，见表2-3。

表2-3 　　　　江汉平原主要河流（不含长江、汉江）特征统计表

河流名称	河流长度（千米）	流域面积（平方千米）	流经地区
沮漳河	319	7284	湖北保康县、南漳县、远安县、当阳市、荆州市荆州区、枝江市
府澴河	332	15111	湖北随县、随州曾都区、广水市、安陆市、云梦县、应城市、孝感孝南区、武汉东西湖区、武汉黄陂区、武汉江岸区
澴水	142	2312	湖北大悟县、红安县、武汉江岸区、武汉黄陂区
倒水	163	1793	河南新县，湖北红安县、武汉新洲区
举水	170	4367	湖北麻城市、武汉新洲区、团风县
巴水	151	3331	湖北麻城市、罗田县、团风县、浠水县、黄冈黄州区
浠水	165	2844	湖北英山县、罗田县、浠水县
蕲水	118	2729	湖北蕲春县
虎渡河	139		湖北荆州市荆州区、公安县，湖南安乡县
松滋河西支	134		湖北枝江市、松滋市、公安县，湖南安乡县、澧县
松滋河东支	123		湖北松滋市、公安县，湖南安乡县
藕池河东支	116		湖北石首市、公安县，湖南华容县、南县、岳阳君山区、岳阳县
沱水	170	2218	湖北五峰县、松滋市、公安县，湖南石门县、澧县
陆水	183	3950	湖北通城县、崇阳县、赤壁市、嘉鱼县
富水	195	5230	湖北通山县、阳新县
汉北河	242	8655	湖北京山县、钟祥市、天门市、应城市、云梦县、汉川市、武汉东西湖区
通顺河	222	2028	湖北潜江市、仙桃市、武汉汉南区、武汉蔡甸区
东荆河	184		湖北潜江市、监利县、仙桃市、洪湖市、武汉汉南区

（二）湖泊

1.湖泊概况

湖北是"千湖之省"，绝大多数湖泊位于江汉平原。根据2012年全国第一次水利普查结果，湖北省现有水面面积100亩以上及20亩以上的城中湖755个，其中江汉平原分布有湖泊752处，占比99.6%。总水面面积2705平方千米，占总面积的3.8%。其中大于1平方千米的湖泊230处，水面面积2551平方千米。

江汉平原 10 平方千米以上的湖泊，见表 2-4。

表 2-4　　　　　　　　江汉平原 10 平方千米以上湖泊统计表

湖名	地域	面积（平方千米）	湖名	地域	面积（平方千米）
梁子湖（含牛山湖）	鄂州、武汉	328.2	三山湖	鄂州	20.2
洪湖	荆州	308	淤泥湖	荆州	18.1
长湖	荆州、荆门	131	后湖	武汉	16.3
斧头湖	咸宁、武汉	126	武山湖	黄冈	16.3
黄盖湖	湖北咸宁、湖南岳阳	86	朱婆湖	黄石	15.2
西凉湖	咸宁	85.2	牛浪湖	荆州	15
龙感湖	湖北黄冈、安徽安庆	60.9	严西湖	武汉	14.2
大冶湖	黄石	54.7	蜜泉湖	咸宁	13.9
汈汊湖	孝感	48.7	赛桥湖	黄石	13.6
汤逊湖	武汉	47.6	上津湖	荆州	13.5
保安湖	黄石、鄂州	45.1	花马湖	鄂州	13.02
鲁湖	武汉、咸宁	44.9	里湖	洪湖市	12.94
网湖	黄石	40.2	菱角湖	荆州	12.903
赤东湖	黄冈	39	龙赛湖	孝感	12.5
后官湖	武汉	37.3	五四湖	鄂州	12
涨渡湖	武汉	35.8	南湖	荆门	11.8
东湖	武汉	33.9	海口湖	黄石	11.1
豹澥湖	武汉	28	西湖	武汉	10.6
东西汊湖	孝感	27.4	磁湖	黄石	10.5
太白湖	黄冈	27.3	沉湖	武汉	10.5
武湖	武汉	25.5	武湖	仙桃	10.4
野猪湖	孝感	23.4	策湖	黄冈	10.3
崇湖	荆州	21.2			

2. 主要湖泊

江汉平原上面积较大湖泊有洪湖、梁子湖、长湖、斧头湖和龙感湖等，它们并称为湖北五大湖泊。此外，武汉的汤逊湖、东湖，是全国著名的城中湖。

（1）梁子湖

梁子湖为鄂州市、武汉市所共有，汇聚鄂东南区大小支流，于湖东的长港，经樊口大闸汇入长江。

梁子湖原为通江敞水湖,新中国成立后几经围垦,到 20 世纪 20 年代,牛山湖、保安湖、三山湖、鸭儿湖等子湖相继分离。湖泊面积缩减。2012 年"一湖一勘"时,确定面积为 271 平方千米。常年平均水深 3 米。湖底平坦,湖岸曲折,有大小湖汊 300 多个。

2016 年 7 月,湖北省委、省政府决定对梁子湖和牛山湖隔堤实施破垸分洪及永久性退垸还湖。分别了 30 多年的牛山湖重回梁子湖怀抱,梁子湖的面积由此扩大到 328.2 平方千米,成为湖北省水面面积最大的湖泊。

梁子湖是湖北省重要的水产基地,是驰名中外的武昌鱼的故乡,也是大闸蟹的重要产地。

（2）洪湖

洪湖位于四湖总干渠最东端,曾经是通江湖泊。新中国成立前面积曾高达 755 平方千米。20 世纪 70 年代实施"等高截流、分层排水"后,基本脱离长江和东荆河,也没有入湖河流,成为四湖地区下游主要的调蓄型湖泊。现在的洪湖呈倒三角形,面积为 308 平方千米,是重要的分蓄洪区和国家级湿地公园。

（3）长湖

长湖地跨荆州、荆门、潜江三个市,因湖形狭长而得名。湖体由庙湖、海子湖、太泊湖和长湖等几部分组成。长湖呈东西走向,北部岸线曲折、湖汊众多,南部岸线平直。湖泊东西长 29 千米,南北平均宽 4.2 千米。2012 年"一湖一勘"时,确定长湖水面面积 131 平方千米,对应容积 3.80 亿立方米,是湖北省第三大湖。

长湖原来是内荆河中游的自然湖泊,20 世纪 50 年代后,由自然排泄转为人为控制,成为四湖上区重要调蓄湖泊和一座综合利用的平原水库,具有防洪调蓄、灌溉养殖、水运等综合功能。

（4）斧头湖

斧头湖又名梓山湖,地处嘉鱼、江夏、咸安三县区交界处。因湖东北部的斧头山（也有人认为是形如斧头）而得名。东西宽 6.34 千米,南北长 18 千米,水面面积 126 平方千米,为湖北第四大湖。湖的北、东、南三面为丘陵,湖岸曲折,西面为冲积平原,湖岸平直。

斧头湖的水产养殖比较发达,建成了一个万亩连片精养鱼池基地和一个万亩连片围栏养殖基地。

（5）汈汊湖

汈汊湖位于汉川市中部偏北，南北介于汉江、汉北河之间，北濒刘家隔镇，南临城隍、分水、华严等镇场，东邻汉川市城区和汈东农场，西与韩集乡毗邻。呈东西长、南北宽的长方形湖形。汈汊湖养殖场场部驻川汈公路北侧小曾家台，西距汉川市城区13千米。新中国成立初期，汈汊湖区承雨面积16821平方千米，湖面面积257平方千米。1971年后，河湖分家，湖泊形态发生根本变化。截至2012年，汈汊湖由东、西、南、北4条干渠环抱，呈东西长16千米、南北宽6千米的长方形，总面积86.7平方千米，为人工控制水位封闭型湖泊。湖中隔堤将湖分为东西两大片，其中西片48.7平方千米为调蓄养殖区，东片38平方千米为垦殖区，1984年退田还湖，转为备蓄养殖区。据湖北省"一湖一勘"成果，汈汊湖保护湖泊面积为西片的48.7平方千米，按湖底高程27米水位蓄洪，西片对应容积为1.5亿立方米。

江汉平原主要湖泊围垦位置示意图见图2-19。

（三）水库

湖北省是水利大省，大型水库数量居全国首位。江汉平原内部地势较低，不具备兴建大型水库的条件。但在平原周边仍有一些在湖北省具有一定影响的水库，其中省属大型水库见表2-5。

表2-5 影响江汉平原的省属大型水库

地市名	水库名	地市名	水库名	地市名	水库名
宜昌	三峡水库		天堂	武汉	夏家寺
丹江口	丹江口水库	黄冈	张家嘴		温峡口
	浮桥河		牛车河		漳河
	三河口		南川		石门
	金沙河	咸宁	三湖连江	荆门	惠亭山
	明山		青山		高关
黄冈	尾斗山		陆水		黄坡
	白莲河	荆州	浰水	黄石	富水
	大同		太湖港		王英
	花园	武汉	道观河	孝感	郑家河
	垅坪		梅店		观音岩

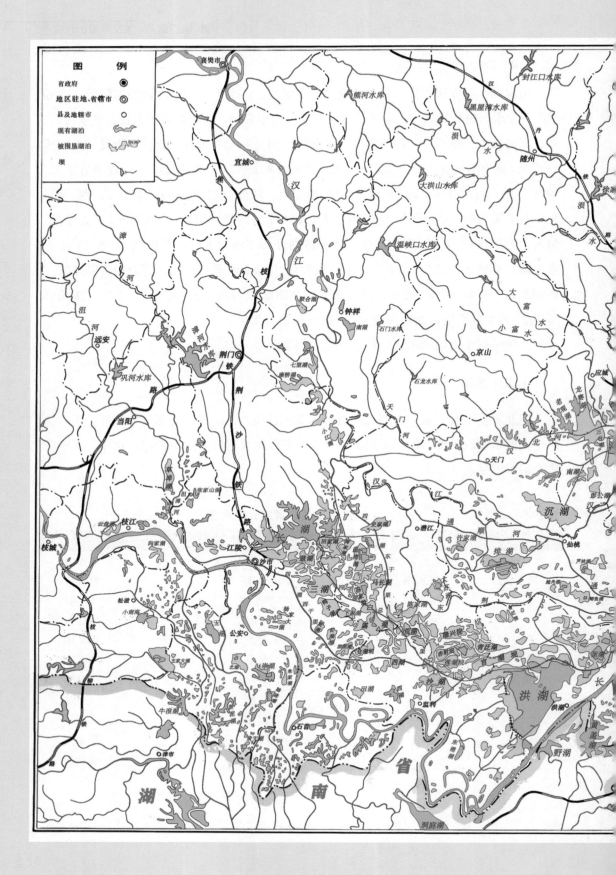

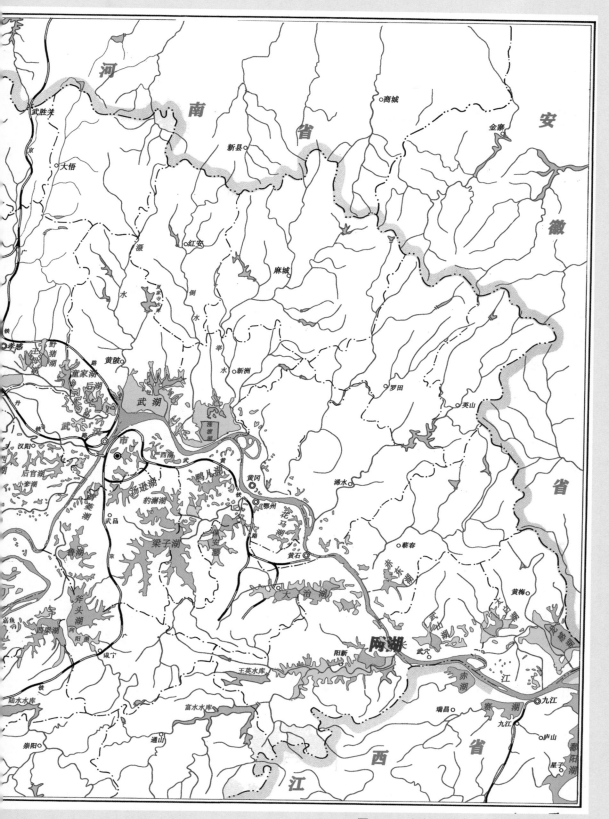

图 2-19　江汉平原主要湖泊围垦位置示意图

第四节　江汉平原水安全形势

一、水安全现状

江汉平原天然降水、地表水和地下水在总体上都较为丰富，为平原区和湖北全省的社会经济发展提供了有益的条件。自古以来，这里就是"湖广熟，天下足"的粮棉油生产基地和长江黄金水道的航运中心。

水能载舟，亦能覆舟。江汉平原既优于水，又忧于水。面临着水多、水少、水脏、水浑诸多水问题。尤其是长江和汉江洪水，自古以来也是江汉平原的心腹之患。此外，旱灾、渍涝和血吸虫疫情也是江汉平原的"痼疾"。同时，这里还面临着水环境和水生态恶化问题。因此，江汉平原面临着诸多水安全防治难题，不仅制约着区域经济社会发展，也给百姓的生产生活造成了一定的威胁。

江汉平原的水安全问题主要表现在以下四个方面。

（一）江湖阻断，河湖萎缩，生态系统退化

20世纪50年代，江汉平原江湖相通，民垸比邻。随着经济社会的发展，沿江闸站阻断了内部水体和外部江河的生态交换通道，大量湖泊和沼泽地被围垦，造成湖泊数量大幅度削减。100亩以上的湖泊从20世纪50年代的1332个缩减为728个，总面积从8528平方千米缩减到2706平方千米。此外，城镇生活和工业废污水排放、农业面源污染等导致水体污染和富营养化问题突出，水域湿地萎缩，水质恶化，使江汉平原的生态系统严重退化，水生动物与鸟类栖息地减少，生物多样化水平降低。

（二）污染加剧，水质恶化

江汉平原人口稠密、经济发达，是湖北省乃至全国的重要商品粮、棉、油生产基地和畜禽、水产品主产区。随着经济社会的发展和人口增加，工业废水和生活污水排

放量逐年增长，化肥、农药过量使用，生活垃圾随意堆放，致使该地区水污染问题越来越突出。目前，除长江、汉江干流水质尚好外，区内的中小河流均受到不同程度的污染，遍地分布的塘堰基本为劣Ⅴ类水质，绝大多数湖泊及水库均未达到水功能区管理目标的要求。此外，区内浅层地下水普遍受到了污染，达不到饮用水的标准。

（三）水利基础设施仍显薄弱，抗洪涝灾害能力有待提高

经过几十年的建设，江汉平原已形成了防洪、排涝、灌溉、供水等工程体系，长江、汉江堤防和一大批涵闸、泵站的兴建使江汉平原涝时可排、旱时可灌，大大增强了防御自然灾害的能力，但许多地方水利基础设施仍显薄弱，如杜家台、洪湖等分蓄洪区仍达不到分洪运用标准；汉江干堤以及汉北河、东荆河等重要支流堤防以及长湖、洪湖等主要湖泊堤防仍未达标；四湖地区、梁子湖区、汈汊湖区由于围湖造田的影响，调蓄面积减少，加重了流域向外部排水的负担，造成外排能力不足，大部分地区排涝标准不到10年一遇；水资源分布不均，局部地区存在水资源供需矛盾。

（四）三峡水库蓄水运用和南水北调中线调水的新挑战

三峡工程与南水北调中线工程的建成和运行，一方面改善了江汉平原的防洪形势，另一方面也给这里的水生态系统带来新的影响。如三峡工程运行后清水下泄导致下游沿程水位出现不同程度下降，荆南"四河"断流时间延长。库区"水华"多次出现，并呈现向干流近岸水域蔓延的态势，藻类也逐步由河流型（硅藻等）向湖泊型（蓝藻等）演变。

南水北调中线调水后，汉江丹江口下泄流量有所减少，汉江中下游"水华"发生概率增加，水生态环境更加脆弱，水质性缺水形势趋于严峻。加之近几年汉江上游来水明显偏少，影响将更加严重。陕西省正在建设的引汉济渭工程竣工并运行后，汉江来水势必进一步减少，江汉平原的水生态环境将面临更大的挑战。

二、对江汉平原水安全的认识

水是生命之源、生产之要、生态之基，水利是中国的生态之魂、为政之要、民生之本、兴盛之基，水安全事关广大人民生命财产安全，事关国民经济和社会的可持续发展，事关国家的战略安全与粮食安全。

江汉平原位于长江经济带和汉江生态经济带的重点区域，是我国平原湖区的典型代表。江汉平原的水安全，不仅对本区域，而且对湖北全省的社会经济发展有着重要

的意义。湖北省应当充分立足江汉平原水资源现状，扬长避短，在其经济社会发展过程中，把水安全作为第一道程序、第一个关口，提高对最严格水资源管理重要性的认识，充分发挥最严格水资源管理对经济发展方式转变的倒逼作用，力促水安全建设与社会经济同步发展。

（一）水灾害防治责任重大

大江大河的洪涝灾害，历来是中华民族的心腹之患，也是湖北省、江汉平原的心腹之患。江汉平原地处长江中游、汉江下游，从长江上游和汉江上中游带来的过境洪水远远超出河槽正常通过能力，这是导致平原区洪涝灾害严重的主要原因。1931年、1935年长江洪水造成的死亡人数都超过了14万；1788年、1860年和1870年的洪水灾害，人员伤亡更是无法想象。荆江大堤高出左岸数米甚至十数米，它所保护的耕地和人口都超过千万；它所面临的洪水压力，是任何其他地段，任何旱灾、渍涝灾害和水污染、水生态破坏所无法比拟的。因此，江汉平原的水安全，首先就是防洪安全。

近年来，伴随着三峡工程、丹江口工程和沿江重要堤防和分蓄洪区建设，江汉平原"人海战术"搞防洪的情况已经少见，旧中国"十年九患""三年两决口"的惨况已成历史，防御外部洪水的压力有所缓解。但是，我们也应看到，江汉平原内部众多的中小河流、湖泊防洪仍未达标，低洼地段外排能力仍显不足。由于江汉平原地形所限，供水与排涝矛盾加剧，经常出现旱涝急转现象，渍涝灾害的直接损失也有超过洪水灾害的趋势，也渐渐成为这里洪水灾害防治的重点。

1931年洪水中的武汉关见图2-20；1954年洪水中的武汉关见图2-21。

（二）水资源短缺形势严峻

江汉平原客水资源多，自产水量有限，人均水资源量仅1110余立方米，远达不到全国的平均水平。旱灾出现的频率呈增加趋势，加上工程性、水质性缺水及旱涝并存、旱涝急转等情况时常出现，江汉平原的水资源情况远没有人们想象的那么乐观。

近年来，由于三峡工程运行后清水下泄和河道冲刷，长江干流中游同流量下水位有所下降，并且枯水期情况重于丰水期。长江洞庭湖水系"四口"对洞庭湖补水作用削弱，荆南"四河"沿线引水工程引水困难。南水北调中线调水后，汉江中下游河段的流量也明显减少。汉江泽口闸处近年由于河床下切明显，导致泽口闸引水能力下降等。今后随着汉江上游引汉济渭等调水工程的实施，水资源短缺现象将进一步加剧。

江汉平原由于地势较低，缺乏兴建大容量水库的条件，区域供水工程主要为沿江、

图 2-20　1931 年洪水中的武汉关

图 2-21　1954 年洪水中的武汉关

沿河引提水工程。初步统计，区域共有提水泵站共 2360 座，总设计流量为 2400 立方米每秒，引水闸共 509 座，总设计流量为 4370 立方米每秒。

通过对江汉平原进行水资源供需平衡分析，现状及 2030 年，河道外总需水量分别为 207 亿立方米和 223 亿立方米，2030 年较现状年略有增长，增长幅度约 7%。当地径流供水能力有限，现状及 2030 年水平年供水量分别为 57 亿立方米和 64 亿立方米，水资源供给主要依靠客水资源。缺水比较严重，现状河道外缺水量约 12 亿立方米，通过采取节水措施后，2030 年缺水量仍有约 9 亿立方米，主要为农业缺水。

对江汉平原湖泊和河流生态环境需水分析表明，湖泊和河流均存在一定程度上的生态环境缺水，2030 年缺水总量约 28 亿立方米，以河流为主，比较严重的河流有通顺河、松滋河、府澴河等。

（三）水环境保护刻不容缓

伴随着社会经济的发展，江汉平原的水环境一度面临较大问题。工业点源、农业面源、湖泊内源污染以及生活污水排放造成的污染均十分严重，突发水环境事件时有发生，给群众生产、生活造成严重影响。

经过多年的努力，湖泊和水库污染物超标情况有所减轻，集中式饮用水水源地的水质合格率始终保持在较高水平；水环境污染的突发事件也明显减少。不过，也应看到，长江、汉江的入河排污口没有得到完全控制，重要城市江段存在着明显的岸边污染带；70% 以上的中小湖泊和 80% 以上的中小河流存在不同的污染和富营养化现象；工业点源污染有所控制，但以农药、化肥、畜禽粪便带来的农业面源污染始终难以从

源头上控制；由于水体缺乏流动导致水体自净能力下降，从而引发或加剧水体污染。

江汉平原的水环境状况，与快速发展的区域社会经济不相适应，也与广大人民对美好生活的向往不相适应。加强江汉平原的水环境保护，已经刻不容缓。

（四）水生态修复任务艰巨

2018年6月，习近平总书记在武汉召开的长江经济带座谈会上做出"长江病了，而且病得不轻"的基本判断，再次重申"共抓大保护，不搞大开发"，走生态优先、绿色发展之路。江汉平原曾经是浩瀚的云梦泽，从古人留下的诸多古籍中，这里是水生植物、动物的天堂，生物多样性异常丰富，大约从东晋开始，伴随着云梦泽的衰亡和北方移民南下，江汉平原的湖泊不断遭到围垦，滩涂被不断开发，对环境的过度破坏和野生动植物的过度攫取、猎杀，导致湿地生态遭到严重破坏，诸多野生动植物渐渐消亡。随着社会经济的快速发展，水体的富营养化和有毒有害物质的排放，使江汉平原的水生态日益退化，到了"病得不轻"的地步。

如今，我国将生态文明确定为国家战略，各地也更加重视水生态文明建设，位于长江经济带、汉江生态经济带、"武汉城市圈"全国两型社会建设综合配置改革试验区、洞庭湖生态经济区的四大国家战略交汇区的江汉平原，水生态修复的力度必将持续加大。

（五）水安全管理工作亟待完善

60多年来，江汉平原上兴建了一大批水利工程（图2-22），初步形成了防洪、排涝、灌溉、供水等工程体系，在抗御水旱灾害、保障经济社会发展和生态环境方面发

图2-22 富水水库

挥了重要作用。但与此同时,其自身管理中存在的问题也日趋突出。主要是水利工程管理体制不顺、机制不活、运行管理和维修养护经费不足、供水价格偏低、经营性资产管理运营不完善、水利企业效益偏低、职工积极性受挫等。尤其在中小水利工程和农田水利建设中普遍存在着基础薄弱、欠账过多、全面吃紧的现象,不仅导致水安全设施效益衰减,还可能对社会经济发展和人民生命财产安全造成威胁。

2011 年,中共中央、国务院发布《关于加快水利改革发展的决定》,要求地方政府要将土地收益的 10% 用于农田水利工程建设,以及近年来水利国债的发行、水利 PPP 项目推行引入社会资本等一系列政策的出台,为解决困扰水利改革多年的资金问题找到了出路,也由此揭开了水利大繁荣大发展的序幕。此后,一系列针对水利管理改革的文件相继出台,为江汉平原的水安全管理改革指明了方向。2016 年全国范围实施的河长制,以及湖北省配套出台的河(湖)长制,更为江汉平原的水安全管理改革增加了重要砝码。

三、建立江汉平原水安全战略体系的总体思路

江汉平原水安全战略,是一个重大的历史课题,包括水安全的定位与战略方向、水安全的管理目标与总体思路、水安全问题的治理模式和措施等。构建江汉平原水安全体系,是江汉平原水管理迈向更高层次的必然要求,必须树立新的理念,把握原则,明确思路,着力破解制约水安全的体制机制障碍,把制度建设作为推进水安全体系建设的重中之重。通过多种举措,最终实现"布局科学、功能完善,工程配套、管理精细,水旱无忧、灌排自如,配置合理、节水高效,河畅水清、山川秀美,碧水长流、人水和谐"的水利强省美好愿景。

(一)指导思想

按照"创新、协调、绿色、开放、共享"的发展理念和"节水优先、空间均衡、系统治理、两手发力"的工作方针,以"水利工程补短板,水利行业强监管"为手段,结合江汉平原存在的水灾害、水资源、水环境、水生态、水管理问题,把山水林田湖作为一个生命共同体,统筹自然生态各个要素的治理与保护,以改善人居环境与经济社会发展环境为中心,以保障河湖防洪安全、供水安全、环境安全、生态安全为重点,以全面推行河(湖)长制为抓手,提出保障江汉平原水安全的基本思路是:完善防洪减灾工程体系,全面提高水安全保障能力;坚持生态优先原则,构建健康的河湖生态

系统；优化水资源配置体系，促进经济社会发展与水资源、水环境承载力相协调；加快信息基础设施建设，强化水资源合理配置和需水管理，提高水资源的利用效率和效益。促进水资源可持续利用，保障江汉平原经济社会可持续发展。

（二）具体举措

1. 构建安全可靠的防洪减灾体系

（1）基本思路

现代经济社会联系的强化，使得洪水的影响大大超出了受淹的范围；单靠传统的控制洪水的手段已经很难合理地调整人与自然之间、区域以及部门之间基于洪水风险的利害关系。只有改变传统单纯防洪减灾的理念，形成防洪减灾、生态保护、资源开发、文化建设"四位一体"的多目标综合治理体系，将防洪重点由"控制洪水"转向"管理洪水"和"利用洪水"，注意工程性措施和非工程性措施的紧密连接，才能实现防洪减灾体系的根本性转变。

（2）主要任务

面对江汉平原复杂的洪涝灾害形势，应积极践行可持续发展治水思路，大力推进防洪减灾由控制洪水向管理洪水转变，加快构建与全面建设小康社会相适应的防洪减灾体系，不断提高防御洪涝灾害能力。

一是要着力提高区域防洪能力，为控制洪水提供工程基础。完善长江、汉江防洪保护圈，加强河流、湖泊堤防工程建设，推进分蓄洪区建设，加快实施干支流河道河势控制、疏浚、清障等整治工程，实施重点城市防洪建设工程等。

二是要切实提升江汉平原圩区治涝水平。加强平原湖区水系整治，对涵闸、泵站等病险建筑物进行除险加固，对排涝能力不足的涝区进行治理等。

三是要完善防洪减灾体系非工程措施建设。加强气象、水文站网建设，推进江汉平原区水利信息化建设，提高暴雨、洪水、干旱预警预报水平，完善防汛指挥调度系统，制定超标准洪水的防御对策和调度运用方案，为科学管理洪水提供信息保障。

2. 构建合理高效的水资源综合利用体系

（1）基本思路

在涉水自然资源管理上，统筹考虑水资源条件、经济社会发展需要和自然生态各种要素水平，着眼于全局、因势利导，把治水与治山、治林、治田等有机结合起来。根据汉江平原位于长江、汉江两江交汇区的地理优势，充分利用好"两江两库"（长江、汉江、三峡水库、丹江口水库）容水资源，通过科学调度、优化配置等手段，为江汉平原生产、生活和生态用水提供安全保障。

（2）主要任务

统筹考虑江汉平原水资源的开发、利用、治理、配置、节约与保护，兼顾各行业对水资源的需求，坚持水利与经济社会协调发展的原则，在重视防洪除涝的同时加强水资源的合理开发和优化配置，提高水资源利用水平，实现区域经济和水资源可持续利用协调发展。

一是科学配置区域水资源。深入研究三峡工程运行和南水北调中线调水后江汉平原所面临的水安全问题，统筹考虑水量、水质、水生态以及区域对长江、汉江水资源的需求，科学合理配置长江、汉江水资源。考虑到长江、汉江为江汉平原主要补给水源之一，为减轻中线调水对汉江中下游影响，保障江汉平原水安全，重点实施引江补汉太平溪引水工程，将丰富的长江水从三峡库区引入汉江丹江口水库坝下，保障江汉平原水量安全，即以"一线"（太平溪引水线路）来保障"一面"（江汉平原）绝大部分区域长远需水要求。同时，根据区域水网现状，大力推进江汉平原江河湖库连通等水资源配置工程建设，按照生活供水优水先用，其他供水根据水质类别分类配置的思路，充分发挥区域水资源的综合利用功能。

二是加强江汉平原节水型社会建设。继续加大江汉平原大、中型灌区的续建配套与节水改造力度，建设江汉平原高标准农田灌排体系，增强农业抵御自然灾害能力，夯实江汉平原引领现代农业可持续发展的基础。在灌排水利工程建设中结合血防，控制阻断血吸虫疫情蔓延。加大工业节水和节水型社会建设的力度，合理控制需求，将用水总量控制在管理目标范围之内，为区域经济的可持续发展提供保障。

3. 构建可持续利用的水资源保护体系

（1）基本思路

依据新时期最严格水资源管理（图2-23）对水资源保护的要求，以"三条红线"为约束，强化流域（区域）污染联防联治，突出节水、水生态保护的治污作用。坚持空间管控，分类防治，抓好差异化管理，分类管控，分级实施，提高精细化管理水平。规范取水、限制排污、强化保护，统筹兼顾、优化布局，突出重点、远近结合，切实加强取水口、入河排污口和饮用水水源地监测监控体系建设，促进水资源可持续利用与经济发展方式转变，推动经济社会发展与水资源水环境承载能力相协调。

（2）主要任务

加大污染防治力度，严格排污总量控制，降低水体污染。按照国家产业政策和区内经济社会发展实际需要，按照循环经济理念合理优化产业布局，鼓励企业实行清洁

图 2-23　汉江流域实施最严格水资源管理试点成绩显著

生产，淘汰落后生产工艺及设备。加强入河排污口监管，严格执行污染物排放标准。加快城镇污水处理设施建设，严禁污水直排。加大生活垃圾无害化处理设施建设力度，防止垃圾污染水体。实施精细化农业，大力推广农田最佳养分管理，减少化肥施用量。转变渔业养殖方式，实施生态渔业工程。

4. 构建优美和谐的水生态环境体系

（1）基本思路

人类长期的影响改变了区域河湖网络的格局，破坏了在自然进化条件下水域与周边地区相对的协调发展。必须约束和规范各种人类活动，尽量将其对河湖环境的不良影响降至最小的限度。此外，要维持水生态平衡，协调人类活动与资源环境承载能力及再生能力。人类活动离不开环境和资源，人类、资源、环境之间彼此共生，相互联系，处于动态发展之中。如果人类活动与资源环境承载能力及再生能力相协调，则生态环境处于良性循环中，即使脆弱的生态环境的自我调节和恢复能力，也可以通过人类的统筹、系统的合理调节和建设而得到改善。

在维护与修复生态功能与恢复生物多样性的过程中，必须充分认识到，江汉平原的河湖的地质环境及水文环境不以人的意志为转移，违背自然规律的江河治理开发行为必然要遭到河流的报复。一定要从长计议，因地制宜，循序渐进，按规划、计划推行，从某种程度上来讲，可以在一定区域内创造适合人类生存发展的准生态系统。

（2）主要任务

一是加大水生态保护与修复建设力度，构建健康的河湖生态系统。在防污控污的基础上，积极应对江河湖库关系新变化，按照尊重自然规律、人水和谐的理念，着力改善河湖关系，实施山水林田湖生态保护和修复工程，重现江汉平原河湖相通、河畅水清的健康水生态环境，筑牢水生态安全屏障。

二是建立布局合理的生态水网。在满足防洪、排涝、灌溉的基础上，科学布局江汉平原水网，形成一个可引可排、调度灵活的江汉平原生态水系。重点在汉北平原地区构建一江三河水生态治理与修复工程，在四湖流域、湖北洞庭湖流域、金水流域及梁子湖流域、武汉市及周边湖泊等区域通过实施江河湖库连通工程，构建江汉平原生态水网。同时，加大力度推进退垸还湖还湿、退养还滩工程，尽可能恢复区内湖泊水面。

三是营造良好的水生生物环境。大力实施水生态保护与修复工程，开展生态农业面源治理，逐步实行灌排沟渠生态改造，构建沟渠与地下水的有机联系。加强湖泊的水生植被重建，实施河湖岸带修复，提高水体自净能力，营造天然的水生生物栖息环境。

5. 构建执行高效的水管理体系

（1）基本思路

重视加强体制建设，遵循经济规律，牢固树立工程是手段、体制是根本的理念，依靠体制变革推进水安全体系建设。坚持安全核心，多元共治。以解决突出的管理问题为导向，明确阶段目标。完善多元共治机制，落实水安全主体责任。

坚持改革创新，强化法治。强化政府在水环境保护方面的主导作用，明确职责，落实分级目标、任务。在常规管理上，突破体制障碍。在风险管理、风险负担、信息系统、社会参与等方面，加强引导与管理，形成通顺高效、全社会参与的水管理体系。

（2）主要任务

形成系统完整的水安全制度体系，用制度保护水安全。一是遵循水资源统一管理的原则，发挥各方面的积极性，集中力量办大事、实事。统一管理的关键在于有效的职能组织和流域权威的集中调度，必须具有相应的体制和机制，系统地、逐步地做到统一规划、统一监测、统一调度、统一执法。河（湖）长制是河湖管理工作的一项制度创新，也是江汉平原水安全体系建设的制度创新的理论来源与实践依据。二是加强流域与行政区域相结合的水资源统一管理机制，以及水利信息化的建设，以水利信息化推动水安全体系现代化建设。三是通过立法、制度建设，将各有关部门、单位、公众的职能、职责、义务整合起来，通过制度管人、制度管事，最终实现真正的法治意义上的水安全管理。

打造"智慧江汉"。针对江汉平原目前水资源流域管理与区域管理相互交错的复杂情况，充分利用现代先进的信息技术，实施水利大数据战略，推进数据资源开放共享。提高工程管理的科技含量和运行水平，大力提高防洪减灾综合决策能力，实现水量调度和水资源优化配置科学化、制度化，增强生态环境监测手段和评估能力，提高水资源管理效率，实现江汉平原水资源管理现代化。

第三章

/ 水灾害防治 /

2016 年湖北天门汉北河溃口

　　水灾害防治是水安全保障的前提。一个国家和地方的水灾害防治水平，直接体现了其社会发展水平和水安全保障水平。构建安全可靠的防洪减灾体系，解除洪涝灾害对社会经济和百姓生命财产的直接威胁，进而实现由"控制洪水"向"管理洪水""利用洪水"转变，江汉平原水安全保障实现了历史性的跨越。

第一节　水灾害现状与防治体系

一、水灾害状况

水灾害有广义与狭义之分。广义的水灾害是指由水导致、影响所产生的对人类社会经济活动造成危害的水破坏或水影响事件。主要包括水多引起的洪涝渍害，由水少引起的旱灾，以及与降水密切相关的台风、风暴潮，甚至可以包括由降水导致的滑坡、泥石流等次生灾害。狭义的水灾害通常指洪涝灾害。本书所说的水灾害，是指狭义的洪涝渍害，它们都是由于降水过多导致的灾害。旱灾虽然属于自然灾害，但是其产生机理与防治手段与洪涝渍害有明显的区别，本书将其放置于水资源配置一章中叙述。

洪灾和涝灾、渍灾是江汉平原区主要的水灾害。三者之间既有联系，也有区别。在江汉平原，洪灾是指上游河道发生的洪水对本地造成的危害；内涝是由于本地降雨引起的低洼地带（如农田）积水深度超过允许值；将因地下水位过高引起的农作物生长不良称为渍灾。它们都是由于水多引起的灾害。

（一）洪水灾害状况

1. 洪水概况

长江中游防洪形势最严重地段在荆江河段，其次在汉江下游，洪水构成的主力在长江上游和汉江中上游。

（1）长江上游洪水

长江上游洪水是江汉平原洪水的最主要来源，其控制站宜昌的洪水总量，占沙市站洪量的 95%、城陵矶站的 80%、汉口站的 65%、九江站的 50% 左右。

根据长江水利委员会水文局的资料,从 1153 年到 2012 年的 800 多年间,宜昌站洪峰流量大于 8 万立方米每秒的 8 次(分别是 1153 年、1227 年、1560 年、1613 年、1788 年、1796 年、1860 年、1870 年),其中 1870 年最高洪峰流量达 10.5 万立方米每秒,是目前调查到的最大洪水。1931 年、1935 年、1954 年、1998 年,宜昌站的洪峰流量虽然不大,但是历时长,加上洞庭湖区也出现大水,在城陵矶的洪峰合成流量也接近 10 万立方米每秒。此外 1964 年、1974 年、1981 年、1983 年、1996 年、2005 年和 2012 年,洪峰流量也比较大。而荆江河段的安全泄量仅在 5.3 万立方米每秒,城陵矶河段安全泄量为 6 万立方米每秒,导致江汉平原的防洪形势异常严峻。

(2)汉江洪水

汉江位于长江左岸,经常短时间内形成较大洪峰,下游又经常受长江汛期高水位顶托,加上汉江干流越到下游河道越窄,安全泄量越小,呈"漏斗"状,对洪水宣泄极为不利。

(3)洞庭湖洪水

在江汉平原,洞庭湖来水也是影响防洪局势的重要因素,对江汉平原的影响体现在出湖洪水对长江干流洪水的顶托,导致下荆江宣泄洪水不畅,同时对荆南"四河"水位造成顶托,使荆南地区产生洪涝灾害。

(4)区域内洪水

除长江、洞庭湖和汉江的客水外,江汉平原区域内的河流,也常因局地暴雨或堤防失守而产生洪水。在地势低平的平原腹地,这些洪水常常因宣泄不畅而转化为内涝。而位于平原东部的鄂东北、鄂东南河流,因山区河道陡峻,洪水历时较短。而梁子湖、斧头湖、西凉湖等地处平原与山地、丘陵交界处,其上游河段洪水具有山区河流特性,而下游河段洪灾具有平原河流特性,这些都对江汉平原的防洪安全提出了挑战。

2. 洪水危害

自古以来,洪水就是对人类威胁最大的自然灾害之一,江汉平原是洪水重灾区,不仅洪灾频率高、范围广、来势凶猛,而且可能造成的破坏性极大。洪水对江汉平原的主要威胁有:

(1)人员伤亡

江汉平原大多数区域地面高程低于当地最高洪水位。尤其是荆江地区最大可达 10 多米,一旦堤防溃决,对两岸百姓造成的就是灭顶之灾。汉江堤防同样也是如此。1935 年汉江大堤决口,一夜之间吞没数万人,成为江汉平原防洪史上的空前劫难。

1954 年长江中下游大洪水，使 1881 万人受灾，死亡 3.3 万余人。

（2）财产损失

洪水所经之地，不但威胁人身安全，还淹没农田房屋、席卷粮食、牲畜、农作物，造成极其惨重的财产损失。在城市和工业区，洪水还会破坏工厂、通信与交通设施，从而影响国民经济秩序。如 1954 年洪水，长江中下游的社会经济被完全打乱，京广铁路 100 天不能正常运行，受灾耕地 4770 万亩，粮食基本绝收。

（3）间接损失

洪水不但威胁人身财产安全，还容易引发一系列的次生灾害，在江汉平原区，比较典型的有瘟疫和血吸虫病等。现代社会，还会因路网、通信、供电、燃气等中断造成更大的间接损失。

（4）心理威胁

洪水不仅对群众生命财产安全造成很大的直接威胁，而且对人的心理造成巨大的影响。世界上各民族均有洪水神话与传说，便是这种心理的表现。历史上，全国各地与治水相关的宗教建筑十分普遍。大到中央政府敕令修建的镇江铁牛，小到乡村常见的龙王庙、令公庙、杨泗庙等，都是这种心理的反映。荆江大堤观音矶（图 3-1）的得名，也出自这种心理。

图 3-1　荆江大堤观音矶

（二）内涝灾害状况

内涝是指由降雨引起，低洼地带（如农田）排水不畅，积水深度超过允许值导致的区域内灾害。江汉平原地势低洼，暴雨时期因外江水位较高，无法自排，抽排能力相对不足，很容易形成内涝。

与洪水相比，内涝对农村地区人员生命和基础设施的安全影响相对稍小，其不利影响主要在农业。在城市中，随着建设用地规模的扩大，排水设施排涝能力不足，一遇大雨，容易形成"城市看海"的内涝现象，这也是江汉平原洪涝灾害的表现形式之一。

（三）渍灾状况

渍害的影响虽然发生在地面以下，对人身财产及建筑物安全不构成威胁，但是在江汉平原却是一种严重的农业灾害，平原区的低产农田，大多是涝渍田。

1. 江汉平原涝渍田分布规律

江汉平原涝渍微地域分异和演变规律主要表现在6个方面：一是在平面上与河流呈水平带状分布；二是在空间上呈梯度分布；三是碟形洼地涝渍特征呈同心圆分布；四是涝渍微地域随时间推移发生有序演变；五是涝渍情况与人类活动关系越来越密切；六是涝渍微地域与涝渍灾害呈显著的相关性。

2. 江汉平原的涝渍类型

按照生成机理，江汉平原的渍涝有以下4类：

（1）贮渍型

田地表面长期积水致渍的沤水田、冬水田或冬泡田等，此类农田主要分布于大型湖泊周边或民垸的低洼处。

（2）涝渍型

地势相对低洼的农田因排水不畅，容易形成由内涝造成的涝渍田，其分布面积较多，也较为分散。

（3）潜渍型

江汉平原地层结构为地表覆盖一层较薄的黏土或壤土，其下则是沉积较厚的砂石层和砾石层，四周江河河床沉积砂石层高峰水位期间透过砂层渗透到农田地下，从而形成使地下水位长期停留于农作物根系活动层，导致渍害。

（4）泉渍型

泉渍型指受低温泉水的浸渍或出溢而形成的冷浸、烂泥田，这主要分布于岗丘地带。

二、水灾害防治体系状况

大江大河的洪涝灾害是中华民族的心腹之患。新中国成立后，在党中央、国务院的领导下，湖北省及各地市政府认真贯彻"蓄泄兼筹，以泄为主"的长江洪水防御原则，遵照"江湖两利，上中下游协调，左右岸兼顾"的原则，对江汉平原防洪体系开展了持续不断的建设，基本形成了以堤防为基础，以三峡水库为骨干，其他干支流水库、分蓄洪区、河道整治工程、平垸行洪、退田还湖等相配合的防洪工程体系和监测预报、防洪调度等非工程措施相结合的综合防洪体系，洪水灾害防御能力显著提高。

（一）整治历程

1. 防洪除涝方面

江汉平原的水灾害防治体系，大致经历了"修筑堤防，开渠建闸，兴建泵站，续建配套"4个阶段。

第一阶段，20世纪50年代。"修筑堤防，关好大门，防止江河洪水泛滥"。整修加固荆江大堤、武汉市堤、黄广大堤以及汉江、东荆河和其他中小河流堤防，将洪水灾害基本约束在大堤以内，减少对两岸地区的威胁。

第二阶段，20世纪60年代。"上蓄下排，内排外引，河湖分家，撇洪入江"，在平原湖区内开渠建闸，治理内涝。在统一规划的前提下，经过一系列的农村水利基本建设，逐步以人工渠道取代原有的自然排水河网。配套建成了一系列重要的排水闸站，初步形成自排系统。

第三阶段，20世纪70—80年代。"自排、调蓄、电排三结合"的排水体系，尤其是兴建了一批骨干电力排水站及其配套设施，极大地加强了提水灌溉和抽排涝水入江的能力，排水体系更加完善。

第四阶段，20世纪90年代以后。长江、汉江频发大水，本地区暴雨天气也不断增加，导致外洪内涝异常严重。同时，内垸二级泵站甚至三级泵站迅猛发展，增大了内部湖泊、河港的防洪压力。这一阶段的治理重点是加强内部防洪安全建设、整治水系、完善配套、机电设备改造、增加调蓄容积、适当增加外排泵站装机规模。基本形成了由湖泊、河渠、堤防、涵闸、泵站组成的，比较完整的防洪、排涝、灌溉工程体系。

第五阶段，1998年以后，随着国家支持力度的加大，江汉平原的水灾害防治有了极大的进步。尤其是1999—2004年长江干堤加固工程和三峡工程的建设，极大缓解了江汉平原外洪威胁的压力。2011年"中央一号文件"《关于加快水利改革发展决定》的出台，加快了中小河流、中小水库、农田水利的防洪除涝工程建设，进一步完善了水灾害防治体系。2016年汛期过后，进入全面补短板、巩固提升阶段。

2. 渍害治理方面

早在20世纪60年代，江汉平原就在湖区排涝和山丘区的河道治理中，结合明沟滤水对渍害田进行了初步治理，但真正将其作为一个课题重点研究，则始于70年代。

从1978年开始，湖北省水利厅组织力量，对全省受渍害的中低产田现状进行调查，并提出分期治理规划，1981年进行试点。其中，省级试点侧重按区域开展科学性研究，地级试点侧重于生产性示范。到1987年，全省共有试点工程26处，面积3.95万亩，其中水利部试点1处（嘉鱼三湖连江灌区），省级试点3处（洪湖石码头周坊村、潜江田湖大垸、蕲春杨畈及七里冲），地级试点22处。这些试点绝大多数位于江汉平原。

经过多年试点，积累了各类渍害田改造的排水工程技术经验，如地下排水标准、暗管、鼠道或暗沟规模，规模以及滤管适用的管材与滤料等，取得了一些成果，其中由湖北省科委和湖北省水利厅联合完成的《四湖地区渍害低产田地处排水改良试验研究》，获得1988年湖北省科技进步一等奖。江汉平原的渍害田改造试点得到了国家农委、计委、水利部的高度重视，积累形成了一套经验，取得了显著效果。

在生产性科研试点的基础上，从1987年开始，江汉平原的渍害田治理由试点阶段转向推广阶段。1989年，国家正式批复江汉平原和鄂北岗地第一期（1989—1991）农业综合开发计划，范围包括24个县市；1992年通过验收，并开展第二期计划，范围扩展到41个县市；此后又于1995年启动了第三批计划。

通过几十年的不懈努力，江汉平原已形成了较为完善的水灾害防治体系，长江、汉江堤防是区内重要的防洪安全屏障，一大批涵闸、泵站的兴建使江汉平原涝时可排、旱时可灌，大大增强了抗御自然灾害的能力，为平原湖区工农业生产和人民群众的生活提供了基本的保障，在国民经济的发展中起到了巨大作用，基本实现了由控制洪水向管理洪水的转变。

（二）工程体系

洪水、内涝和渍灾，是江汉平原水灾害的主要表现形式，其成因不同、危害不同，因而治理手段也有所不同。其中防洪工程措施，主要以堤防、分蓄洪区和有防洪能力的水库为主体，并辅以河道整治。除涝工程，主要包括排水涵闸与泵站。渍害虽是水灾害，但影响主要是农作物产量，一般把它归结到中低产田改造，与洪灾、涝灾有较大区别。

1. 堤防

堤防是抵御洪水最简要、最直接、最有效的工程措施。

江汉平原地势低平，大多数平原湖区地面低于江河水位数米甚至十数米，全靠堤防保护。新中国成立前，这里的堤防大多堤身单薄、质量欠佳，而且多为砂质基础，隐患较多，因而防御水平较低。新中国成立后，党和国家对江河堤防进行了不懈的整险加固。如今，江汉平原长江干堤和汉江等重要支流堤防总长 5149.64 千米，形成了较为完善的体系。

（1）长江堤防与汉江堤防

江汉平原长江干流堤防左岸从枝江熊家窑至黄梅段窑，右岸从松滋老城至阳新富池口。主要堤防长 1506.45 千米，分别为上百里洲江堤、下百里洲江堤、荆江大堤、洪湖监利长江大堤、松滋江堤、荆南长江干堤、南线大堤、咸宁长江干堤、汉南长江干堤、武汉长江干堤、粑铺大堤、昌大堤、黄石长江干堤、阳新长江干堤、黄冈长江干堤、黄广大堤组成。

在长江堤防中，荆江大堤（图 3-2）最为险要。荆江大堤，位于荆江左岸，上起荆州区枣林岗，下到监利县城，全长 182.35 千米，保护着 1000 多万亩农田和 800 多万人的安全，是江汉平原重要的防洪屏障。大堤始于公元 346 年东晋陈遵修建的万城堤；此后经历代整修延长，到明代连成一体。但因堤身单薄，隐患较多，在历史上多次溃决。新中国成立后，国家投入了大量的人力、物力和财力，对荆江大堤进行了持续不断的综合整修，大大增强了其防御洪水的能力。数十年来经历多次流域性和区域性洪水没有决口。

江汉平原的汉江河段上起钟祥，下到武汉，全长约 379 千米，两岸均有堤防保护。最重要的是汉江遥堤、汉江干堤和武汉市堤。其中遥堤长 55.265 千米，1 级堤防；汉江干堤襄阳段、荆门段（除遥堤）和下游段总长 862.08 千米，2 级堤防；武汉市段 112.13 千米，1 级堤防，局部 2 级。

（2）重要支流与湖泊堤防

在江汉平原的主要河流，如汉北河、府澴河、沮漳河、东荆河、通顺河等；以及一些重要湖泊，如梁子湖、斧头湖、洪湖、长湖等，都兴建了较为完整的堤防体系。

2. **分蓄洪区建设**

江汉平原在历史上是长江和汉江洪水汇流之所，绝大多数地区河道的安全泄量无法满足超额洪水的需求，一味死守不仅难以奏效，一旦失守还有可能出现灾难性后果。因此，主动开辟一定的地区作为分蓄洪区，平时垦殖，遭遇超额洪水开闸蓄水，是兼顾防洪安全和百姓生产生活，两害相权取其轻的明智选择。

根据国家批复的湖北省防御特大洪水调度方案，湖北省分蓄洪区（包括分洪民垸）共计47个，蓄洪总面积9440.24平方千米，有效蓄洪容积461.75亿立方米。除了宜城的襄东、襄西分蓄洪区，其他的分蓄洪区都位于江汉平原内。

（1）长江的分蓄洪区

江汉平原沿长江共有14个分蓄洪区，蓄洪总面积7429平方千米，有效蓄洪容积399.64亿立方米。从上到下依次为荆江分蓄洪区、浣市扩大分蓄洪区、虎西备蓄区、人民大垸分蓄洪区、洪湖分蓄洪区西分块、洪湖分蓄洪区中分块、洪湖分蓄洪区东分块、杜家台分蓄洪区、西凉湖分蓄洪区、东西湖分蓄洪区、武湖分蓄洪区、张渡湖分

图3-2 荆江大堤

蓄洪区、白潭湖分蓄洪区、华阳河分蓄洪区。在这些分蓄洪区中，最著名的当属荆江分蓄洪区和与之配套兴建的浣市扩大分蓄洪区、虎西备蓄区、人民大垸分蓄洪区，以及杜家台分蓄洪区等。

荆江分蓄洪区，是新中国于 1952 年在长江上兴建的第一个大型分蓄洪区。位于荆江河段南岸公安县内，分蓄洪区面积 921 平方千米，进洪闸设计流量 8000 立方米每秒，有效蓄洪量 54 亿立方米，1954 年大水时，荆江分蓄洪区三次开闸泄洪，累计分洪总量 122.6 亿立方米，降低沙市水位 0.96 米，对确保江汉平原和武汉市的安全发挥了重要作用。

杜家台分蓄洪区，位于长江、汉江交汇的三角地带，兴建于 1956 年。其进洪闸有两个：一个位于仙桃市的杜家台，另一个位于武汉市蔡甸区的黄陵矶（兼退洪闸）。杜家台分蓄洪区不仅可以分蓄汉江洪水，也可以通过黄陵矶闸进洪分蓄长江洪水。杜家台分蓄洪区自 1956 年建成以来已运用了 20 多次，为汉江下游两岸广大平原地区防洪安全发挥了巨大作用。

（2）汉江上的分蓄洪区

湖北省在汉江上共有 14 个分蓄洪区，蓄洪总面积 1704 平方千米，有效蓄洪容积 35 亿立方米，由上向下依次为宜城市 2 个（襄东、襄西），钟祥市 10 个（关山、潞市、大集、丰乐、皇庄、联合、中直、文集、大柴湖、石牌），荆门市 2 个（邓家湖、小江湖），其中宜城市的襄东、襄西分蓄洪区不在江汉平原内。

（3）其他中小河流上的分蓄洪民垸

除长江、汉江外，江汉平原其他河流上还有 19 个分蓄洪民垸，蓄洪总面积 866.52 平方千米，有效蓄洪容积 26.95 亿立方米。它们全部位于江汉平原。

这 19 个分蓄洪民垸中，沮漳河有 8 个（分别为当阳的莫家湖垸、沮西大垸、观基垸、夹洲垸、芦河垸、木闸湖垸、众志垸和荆州的谢古垸），汉北河有 6 个（分别为天门的龙骨湖和沉底湖，应城的老关湖、老赛湖、南垸，汉川的刁汊湖，以及应城、汉川交界的东西汉湖），府澴河 3 个（童家湖、幸福垸、东风垸），富水 2 个（网湖、朱婆湖）。

3. 水库工程

江汉平原地势低平，不具备修建高坝大库的条件，但平原周边的丘陵岗地也兴建了一批中小型水库，对江汉平原的防洪也起到了一些作用。不过，由于水位较低、库容较小，它们的防洪能力有限。

4. 河道治理

除堤防、分蓄洪区和水库这三大工程措施外，对原有水系进行综合治理，改变其迂回曲折、排水不畅、河湖串通、主支不分的状况。从 20 世纪 50 年代起，湖北省组织力量，对江汉平原的诸多河流都进行过人工治理。这里简要列举几例。

（1）下荆江裁弯取直

新中国成立后，下荆江经历了三次裁弯取直，分别是 1967 年对中州子河段和 1969 年对上车湾河段进行的人工裁弯取直工程，以及 1972 年位于监利县境的沙滩子河段发生的自然裁弯取直（图 3-3）。这三处裁弯，使下荆江河道长度缩短 80 千米，弯曲系数由 3.19 降至 2.02。泄洪能力增大了约 5000 立方米每秒，对防洪和航运都发挥了一定的效益。

（2）府澴河下游改道

1968 年，府澴河发生大洪水，大小南湖、幸福垸相继溃决，洪灾面积达 20 万亩。主要原因是堤防标准偏低，出口朱家河河道弯曲狭窄呈"S"形，泄洪不畅。1968 年

图 3-3　下荆江裁弯

湖北省水利厅在《府澴河下游补充规划报告》中提出治理方案为：自岱家山大南湖，以民生堤为左堤，经铁路三道桥与滠水汇合，开挖滠水新道由江咀入江。填堵原朱家河，便于武汉市防汛和市区建设。该方案于1976年实施，但由于资金原因，新河虽开通，但未挖到设计断面，形成了目前府澴河出口分南北两支入江的局面。

（3）汉北河

为了围垦汈汉湖，于1969年开挖了汉北河。汉北河起于竟陵镇西3千米的万家台，沿老河道北面东行；到武汉东西湖区辛安渡后分两支：一支借助老府河河道向南经新沟汇入汉江，另一支向北由东山头泵站进入改道后的新府河。汉北河的建成，使天门河、滠水、大富水与汈汉湖分家，同时使天门河主流远离汉江，避免了洪涝灾害对天门、汉川主城区的威胁，取得了一定的防洪、抗旱以及航运效益。

（4）内荆河与四湖总干渠

四湖总干渠源于长湖，经三湖、白露湖、洪湖，从新滩口排水闸至长江，全长185千米，是由原内荆河改造而来的人工河道。

原内荆河曲折，排水不畅，尤其是下游受长江水倒灌及东荆河分流干扰，动辄成灾。1955年后，通过综合整治，隔断长江和东荆河的影响，将内荆河改造成总干渠，将其两侧众多支流改造成东、西干渠，此后，经过多年的骨干排水渠道和农田渠网化建设，至2015年，四湖流域形成6条骨干排水干渠，长度464.4千米，各类支、斗、农渠14301条，总长度达32810.93千米。

经过治理的四湖总干渠，排洪与灌溉的能力大为加强。

此外，位于江汉平原最上游的沮漳河，下游的滠水、倒水以及腹地的东荆河、通顺河，都经历过多次的人工改道与治理。

5. 涵闸与泵站工程

（1）排水涵闸

涵闸是平原湖区排水除涝的主要方式。

新中国成立前，江汉平原大部分河湖水系与长江、汉江相通，排水涵闸首先在平原洼地的小沟、河道建立，积累一定经验后才向长江、汉江干流上发展，但数量不多，规模也比较小。

新中国成立后，随着生产的发展，全省几乎所有湖泊均通过修建涵闸与长江、汉江隔开。排水涵闸不仅在数量上实现了飞跃，而且在结构形式、工程规模、排水效益方面也有较大发展。如建筑形式由过去的涵管、涵洞型发展为各种开敞式水闸；结构由砖石圬工结构改建为钢筋混凝土结构；启闭方式由木塞、散板闸门发展为机械启闭；

规模由小口径到大口径，进而双孔、数孔以至数十孔，长度由以往十多米、数十米增加到数百米，甚至千米以上；功能由单一排水、引水发展到排涝结合分洪、泄洪。各项大小排水涵闸在防止江水倒灌和排泄渍水两个方面，对保证防洪安全和农业增产丰收发挥着重要的作用。

江汉平原著名的大型排水涵闸有黄陵矶闸（武汉蔡甸）、富池口大闸（阳新）、新沟闸（汉川、东西湖）、樊口大闸（鄂州）、龙口大闸（武汉新洲）、新堤大闸（洪湖）等，比较重要的中型排水闸有新滩口闸（洪湖）和金水闸等（武汉江夏区）。

（2）排涝泵站

江汉平原地势低洼，当外江水位高涨，区域积水无法自排时，容易形成农田内涝，影响粮食产量。通过兴建提排泵站，实行自排与提排相结合的原则，有效地解决低洼农田的渍涝问题。

湖北的排水泵站建设，起步于20世纪50年代末，经历了由点到面、从小到大、从机械到电力的发展过程。70年代修建了一大批大型骨干泵站，如樊口泵站（图3-4）。

图3-4 樊口泵站

80年代后，继续稳步发展。江汉平原的大型泵站不仅在装机数量上而且在单机容量上均在全国名列前茅。

经过近60年的努力，江汉平原基本形成以大型泵站为骨干，大中小相结合的电力排灌新格局，布局比较合理，效益比较显著，在历次的排洪除涝中发挥了重要作用。

江汉平原的重要排水泵站有：黄天湖泵站（公安）、南套沟泵站（洪湖）、新滩口泵站（洪湖）、高潭口泵站（洪湖，见图3-5）、半路堤泵站（监利）、排湖泵站（仙桃）、田关泵站（潜江）、樊口泵站（鄂州）、汤逊湖泵站（武汉）、金口泵站（武汉）、余码头泵站（嘉鱼）、汉川一站二站（汉川）等。

图3-5　高潭口泵站

第二节 问题与成因

经过 60 多年的建设，江汉平原的水灾害防治安全体系有了长足的进步，主要表现在：①伴随着防洪工程措施和非工程措施的不断进步，平原区防洪能力，尤其是抵御大江大河灾害性洪水的能力明显增强。②为数众多的排洪涵闸、泵站持续发挥作用，平原区排涝除渍的能力得到加强；③农田水利设施不断进步，排水能力提高，平原区农业抵御渍灾的能力也在提高，平原区粮食连年增产，农民收入逐步提高；④城市防洪能力得到较大加强。

不过，也应看到，伴随着社会经济的发展，江汉平原的水灾害出现了新情况，如同等规模的灾情造成的经济损失在扩大；许多中小河流、中小水库的防洪工程依然存在隐患；平原区内涝和渍灾仍时有发生。城市防洪排涝设施依旧不足，城市看海现象仍时有发生。

一、主要问题

（一）洪水威胁依然存在，城市防洪排涝存在短板

江汉平原位于长江、汉江汇流区，历史上的洪涝灾害频繁而严重。如今，随着防洪工程措施和非工程措施的加强，洪水的直接威胁已经大为减小。但江汉平原地势低平，大多数区域地面低于洪水高程，许多河段的安全泄量远远低于历史调查洪水和实测洪峰流量，仅仅靠工程措施无法完全抵御洪水。另外，随着三峡工程和汉江梯级的建成运行，来水来沙条件发生了较大变化，岸坡和堤防可能出现新的险情，在汛期形成隐患，因此洪水威胁依然存在。

当前，我国的城市化进程不断加快，城市建设力度越来越大，由于城区防洪排涝设施建设相对滞后，不能与城市建设同步规划、同步建设、同步运行。一遇暴雨容易形成道路积水，形成城市"看海"现象，城市内涝成为城市防洪的短板。特别是近年

来，极端暴雨事件增多，这样的问题将更加严重，对社会经济造成的损失较大。

（二）水安全防控措施存在不足

1. 支流堤防标准不高，建设滞后

几十年来，国家集中力量对大江大河的堤防进行了一轮又一轮的整修加固，大大减轻了特大洪水对两岸人民生命财产的直接威胁。但对一些中小河流、中小湖泊、中小水库的堤防，则由于各种原因，还存在着基础薄弱、老化失修及管理不善的情况，对平原的防洪形势造成威胁。

由于投入不足，目前，包括汉江、东荆河在内的连江支流还没有得到系统治理。除遥堤、武汉市堤和东荆河左岸下游杨林尾至三合垸堤（长 39.64 千米）已达设计标准外，汉江其余堤防均尚未达标。其余中小河流治理更不乐观，存在堤身单薄、稳定性不够、穿堤建筑物病险严重等问题，导致"小水出大险"。

2. 分蓄洪区建设滞后，按计划分洪十分困难

长江中下游河道安全泄量与长江洪水峰高量大的矛盾仍然突出。即使在三峡工程建成后，仍有大量超额洪量需要妥善安排。但直到今天，包括杜家台、洪湖在内的江汉平原的大多数分蓄洪区安全建设滞后，控制手段落后，加上大量人口在分蓄洪区里面居住，一旦分洪时出现失控现象，损失无法估量。

1998 年 8 月，长江洪水早已达到使用荆江分洪区的条件，荆江分洪区已对居民进行了转移，但中央经过慎重决策，最终做出不分洪的决定，也在一定程度上表明了对分蓄洪区运用的顾虑。

3. 排涝系统匹配性差

江汉平原现已兴建了大量的防洪除涝等水利设施，排灌渠系网络和各类水闸、电力排灌站已初具规模。但是，在内涝治理的工程上仍存在一定的问题。

1）工程不配套且标准偏低。不少围垸不仅骨干工程尚未达到设计标准，而且骨干工程与田间工程不配套、渠系与建筑物不配套的现象普遍存在。

2）部分分蓄洪区被人为占用，缩小了调蓄容积，加大了涝灾发生概率和程度。

3）许多排涝涵闸、泵站兴建于 20 世纪六七十年代，原设计标准不高，经过长期运行，存在工程老化、年久失修、沟道排水不畅、泵站达不到额定流量问题，导致其应用效率受到影响。虽然有部分大型闸站经过了除险加固和更新改造，但是仍有部分闸站未得到及时加固。

（三）工程管理存在缺陷

1. 工程管理体系复杂

江汉平原的水安全防控工程，分属于不同部门、不同地区、不同行业；在管理方面存在条块分割，在联合调度上往往困难重重。如四湖流域分属荆州、荆门、潜江三市。管理体系迂回曲折、机动性差、效率低下。任何一个环节的失误、拖延，都可能贻误战机，降低江汉平原的水灾害防治体系整体效率。

2. 各自为政，排涝调度缺乏统一管理

由于缺乏统一管理，各方各自为政，导致区域排涝方式难以按照预案实施。

一是涝水"正向搬家"。平原排涝一般采取"高水高排、低水低排，尽快将涝水送入外江"的模式，但现行规定是谁使用谁出资，导致上游区或高地百姓不愿出电费启动泵站排水，而任由其流向下游或低地区，造成涝水向下游转移。

二是涝水"逆向搬家"。即一级电排站由政府控制，数量有限；而部分群众出资修建的二级电排站却过多、过大，导致其排洪能力接近或超过一级电排站，出现"低处不淹高处""农田暴雨不积水、干沟汛期水漫堤"的洪水逆向搬家现象。

无论是正向搬家还是逆向搬家，都严重破坏了江汉平原既有的沟、湖、垸、田的正常功能，加大了水灾害风险。这种情况在四湖地区、通顺河流域和府澴河流域比较突出。

（四）河势变化和湖泊衰减

1. 河势复杂多变，影响防洪安全

江汉平原三面环山，地势低平，在自然条件下，各条大河流经此地时，河面展宽，淤积严重，渐渐体现出分汊型和蜿蜒型特点。下荆江原长 240 千米，经过裁弯和取直后仍有 160 余千米；曲折率超过 2，江流在此连续转弯，素有"九曲回肠"之称。其中孙良洲河弯河长 10 余千米，直线距离不到 500 米，曲折率高达 25。汉江下游，同样布满河曲，泄洪能力不足。新中国成立后，在加固堤防的同时实施了大量护岸等河势控制工程，对稳定河势起到了积极的作用。

近些年来，随着上游控制性水库的不断建成，荆江和汉江中下游干流的泥沙淤积形势有所缓解，但部分河段又面临着清水下泄问题。它虽然可使河道下切，提高河道的行洪能力但是同时会加速河道的侧切与崩岸，从而增加堤岸崩塌和江河改道的危险。由于江汉平原以往的河道治理大部分是以防洪保安为主要目标，河道的系统治理尚未全面展开，崩岸仍时有发生，有些河段的河势变化较大，有的河段河势仍在继续恶化。

2. 湖泊数量减少，功能趋弱

江汉平原湖泊众多，对洪涝灾害有天然的调蓄作用。但长期的泥沙淤积，导致区内湖泊数量减少、容积减小。新中国成立后，为了解决粮食安全问题，又进行了较长时间的围湖造田，导致湖泊萎缩趋势愈加明显。

江汉平原湖泊变迁情况见表 3-1，湖北省平原湖区部分湖泊围垦前后面积变化见表 3-2。

表 3-1 　　　　　　　　　　江汉平原湖泊变迁情况统计表

时　　间	个　　数	面积（平方千米）
20 世纪 50 年代	1332	8528.2
20 世纪 80 年代	843	2983.5
目　　前	728	2706

注：表中湖泊面积 ≥ 100 亩。

表 3-2 　　　　　　湖北省平原湖区部分湖泊围垦前后面积变化表　　　（单位：平方千米）

湖泊名	围垦前	围垦后	湖泊名	围垦前	围垦后	湖泊名	围垦前	围垦后
洪湖	661.9	344.4	㳇汉湖	392.5	70.6	涨渡湖	152.3	35.2
长湖	157.1	129.1	大冶湖	169.7	68.7	汤逊湖	56.9	36.6
梁子湖	454.6	304.3	保安湖	96.9	48.0	汉阳东湖	63.1	34.4
斧头湖	189.4	114.7	网湖	80.9	42.3	三山湖	73.2	24.3
西凉湖	131.2	72.1	鲁湖	77.1	40.2	赤东湖	48.9	26.8
野猪湖	37.6	26.6	东西汉湖	40.0	24.3	武湖	121.2	21.2

萎缩退化后的湖泊，不仅容量不足，而且涵养水源和滞涝功能也会下降，防御洪水的能力大大降低。

湖堤的防洪与内涝是相关联的，外排能力强，湖堤的防洪能力也会提高。关键是湖堤要进行系统整治，加固达标，再根据湖泊的调蓄能力，恢复外排能力。

二、成因分析

（一）自然因素

1.过境客水量巨大，超出河槽安全泄量

长江干流全长 6300 多千米，流域面积 180 万平方千米，其中在江汉平原上游就

超过 4500 千米，流域面积 (含洞庭湖水系和汉江上游陕西、河南省的部分) 达 140 万平方千米。平原周边多是暴雨集中区，客水流量超过本地 6 倍以上。以大水年 1954 年为例，当年流经武汉关江段径流总量为 9683 亿立方米，其中"外省客水"量达 8736 亿立方米，占比接近 90%，带来"洪水压顶"的严重威胁和繁重的抗洪负担。尤其是夏季，长江洪水量大、水位高，即使区域内没有降雨，如果上游来水量大，江汉平原仍要面临防大汛的局面。如果下游的鄱阳湖水系洪水与长江中上游洪水遭遇，还会对武汉以下江水形成顶托，导致灾情加重。

2. 降水量时空分布不均，洪涝灾害集中

江汉平原受太平洋、印度洋季风影响显著，属典型亚热带季风区。降水量有 4 个严重不均：

（1）降水在地域上分布不均

鄂西北多年平均降水量为 800 毫米，鄂东南、鄂西南达到 1400 ～ 1800 毫米，局部可达 2000 毫米。

（2）降水在年际间分布不均

同一地方、同一季节在不同年份的降水量可相差四五倍。如实测降水时间较长的武汉市汉口站，1889 年降水量达 2107 毫米，1902 年只有 576.4 毫米。降水较多的 6 月，1887 年 6 月汉口站降水量是 822.6 毫米，1902 年 6 月就只有 5.2 毫米。

（3）降水在年内季节间分布不均

一年之中，降水量大多集中在夏、秋两季汛期，如汉口站，4—8 月降水量占全年总降水量的 67%，其中 5—7 月又占全年降水量的 45%。遇到历时长、强度大的暴雨时容易发生洪灾。较为极端的情况出现于 1975 年 8 月，长阳县都镇湾最大日降水量达 630 毫米。1935 年，暴雨中心的五峰县全年降水量 2577.9 毫米，其中 7 月上半月就降了 1360.4 毫米，最大日降水量为 422.9 毫米，最大 3 天降水量为 1076.1 毫米，7 天降水量为 1318 毫米。

（4）降雨强度分布不均

24 小时典型雨型中超过 1/3 的降水量集中在最大的 1 小时内，给城市排水造成较大压力。

3. 特殊的地貌特点，加剧了水灾害的损失程度

江汉平原的地势总体上是西高东低，西、北、东三面环山，向南敞开，似马蹄状不完整的盆地。其中西部山地为武当山、荆山、大巴山、巫山、武陵山，一般海拔千米以上。北部有大洪山、桐柏山，东北部是大别山，东南部为幕埠山、九宫山，一般

海拔 500 米以上，高峰在 1500 米左右。长江自西向东穿越整个平原，汉江从西北向东南穿越平原大部，区域诸多河流从山区发源，从东、南、西、北四个方向在这里汇流，因此，江汉平原自古就是积水洼地，水灾害频繁。

（二）人为因素

对水灾害影响最大的人为因素是围湖造田。自南宋以来，江汉平原经历了 4 次大规模的围垦过程，由于社会发展和人口增长的需要，填湖造田是增加耕地的主要手段。新中国成立以后，除发展农业以满足粮食需要外，还有许多湖区建成了城镇和工厂，发展了第二产业及第三产业，为社会主义现代化建设做出了贡献，为湖北省的中部崛起战略奠定了基础。

20 世纪 80 年代，由于内涝严重，湖北省提出了"退田还湖、退田还渔"的治理思路，逐步开始了修筑湖堤、稳定湖面的治理工程，大规模的湖泊围垦基本停止。但由于湖泊养殖效益不如精养鱼池，因而一些被保存下来的中小湖泊以及大型湖泊的滩地仍在减少。

过度围垦减少了湖泊的调洪面积和容量，降低了湖区防洪排涝能力，导致江河来水无地可蓄，威胁不断加大，同时也使原本可以排入江河的涝水无法排放，人为加大洪涝灾害的频率和程度。

第三节　理念与思路

从上面的基本分析可以看出，江汉平原水灾害频繁的最根本原因在于这里的河槽远不足以安全宣泄超大洪水。在洪水构成中客水的比例又占了绝大多数，这也决定了江汉平原的水安全防治是一个漫长的、系统的过程。要根本解决这里的水灾害，首先，以蓄泄兼筹的方式解决洪水问题，即在上游兴建控制性水库，调蓄洪水；其次，疏浚下游区的河道，使这里的洪水能够顺利下泄；最后，充分发挥区域内分蓄洪区的作用，将无法及时排泄的超额洪水控制在可接受的范围内。此外，还应加强非工程措施的建设。

在水灾害防治的同时，还要时刻关注江汉平原水资源缺乏、洪旱急转的问题，在确保安全的前提下，进行洪水资源化的探索，实现防御洪水向管理洪水的转变。

一、总体判断

湖北省作为"水利大省""千湖之省"，在长期与水打交道、除水害、兴水利的生产实践中，集聚了丰富的治水理念和集体智慧，形成了相对完整的水灾害防治工程措施和非工程措施体系。在前人的基础上不断开拓新思路、形成新理念、采取新行动，这是我们进行水灾害防治研究与决策的出发点和立足点。

（一）措施体系基本合理

新中国成立以后，在各级党和政府的领导下，江汉平原进行了持续而艰苦的水灾害防治工作，取得了一定的经济效益和防灾效益，为湖北省的工农业发展和长江经济带的建设发挥了作用。但不合理的垦殖方式，导致河湖分离，也会带来负面效应，需要正确对待。

在我们强调"人水和谐"的时候，一定要认识到人和水不是天然和谐的，只有掌握了水的运行规律之后，人才能在水的面前掌握自己的命运；当然，人们改变自然，变水害为水利的行动都是有条件、有限度的。在今天，我们应坚持保护与开发并重的原则，在基本肯定现有水安全防治措施体系的基础上，寻求更妥善的手段，实现人水和谐，人与自然的和谐。

（二）水灾害可防可控

为了减轻水灾害的威胁，必须要掌握水的规律，把水灾害影响控制在一定的范围内。纵观世界各国，水灾害的损失与生产发展呈明显的负相关，即生产力水平越高，水灾害的多年平均损失越低；如非洲、南亚等一些欠发达国家，水灾害损失相对GDP占比在10%左右，欧美等发达国家的损失占比为0.3% ~ 0.5%，世界平均水平略低于3%。中国每年平均水灾害损失占GDP的比重为1% ~ 2%。我们的任务，就是在最近的几十年内，争取将这个比重降至发达国家的受灾水平。就江汉平原来说，就是将洪涝灾害的损失占比降到GDP的1%左右，只要我们持之以恒地努力，再过几十年就可能达到发达国家水平。

水利工程是防控水灾害的重要手段，长江三峡水利枢纽（图3-6）对防控江汉平原水灾害有重要作用。

图 3-6　长江三峡水利枢纽

（三）水灾害防治任重道远

1. 水灾害防治道路漫长

江汉平原的水灾害主要是地质地貌和特殊的气候特征引起的，从地貌上看，江汉平原历来就是行洪分水的场所，在很长一段时间内，这里水灾害的严峻形势不会改变，唯有下定决心，持续发力，才能建构起有效的水灾害防治体系，把水灾害损失控制在可接受的范围内。显然这是一项极其漫长的任务，这些都决定了江汉平原水灾害防治的长期性与艰巨性。

2. 水灾害防治涉及面广

水是流动的，水灾害防治涉及各个地区、各个部门、各个方面。不同的目标，水灾害的防治手段也不一样。只有充分考虑各方利益，制定出合理的防治规划和实施细则，才能确保集体利益的最大化，防止以邻为壑现象的发生。显然这也是一个相当漫长的任务。

（四）水灾害防治大有可为

中国水利正处于良好的发展时期，江汉平原的水灾害防治大有可为。1998 年汛期以后，党和国家对防洪工程建设进行巨大的投入，湖北水利呈现出空前的大繁荣大发展局面，为江汉平原的水灾害防治体系建设打下了良好的基础。

1. **长江重要堤防的建成，为抗洪防汛打造钢筋铁骨**

1998 年大水后，党中央、国务院下发了《关于灾后重建、整治江湖、兴修水利的若干意见》，决定投巨资对长江干堤及"两湖"重点圩垸进行综合整治。经过几年努力，长江重要堤防建成，大大增强了防御洪水，尤其是特大洪水的能力，基本扭转了过去千军万马上堤抢险的紧张局面，江汉平原的防汛能力有了提高。长江中下游重要堤防工程位置示意图见图 3-7。

2. **"平垸行洪" 32 字方针，为抗洪防汛指明了方向**

1998 年大水过后，党中央、国务院及时提出了"封山植树、退耕还林、平垸行洪、

长江中下游重要堤防工程

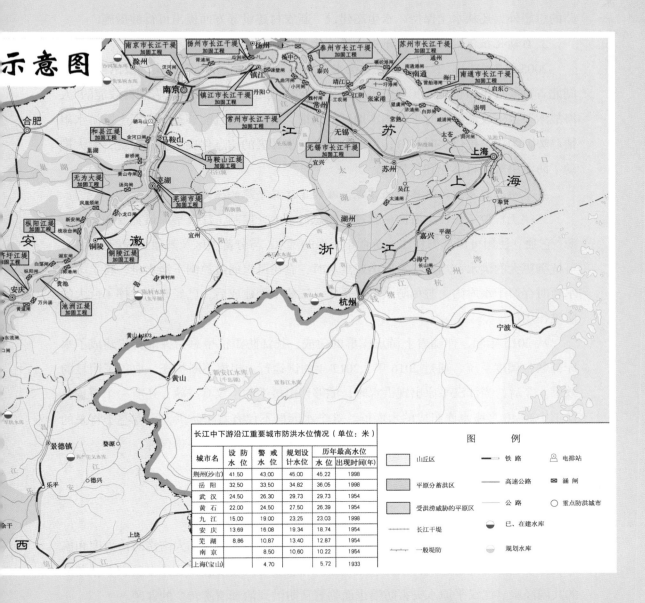

图 3-7　长江中下游重要堤防工程位置示意图

退田还湖、以工代赈、移民建镇、加固干堤、疏浚河湖"的政策措施，即中央32字方针，体现了现代水利人水和谐的核心要素，除强调平垸行洪、退田还湖这样的给洪水以出路的思想外，还从水土保持、水生态建设、新农村建设等方面提出可行的措施。

3. 自动化报汛，为抗洪防汛安上了"千里眼""顺风耳"

2005年7月1日，长江水利委员会水文局118个中央报汛站全面实现报汛自动化；湖北省重要报汛站也全面实现报汛自动化。江汉平原的水文测报由此告别低效能的"人海战术"，不仅能够实时采集到本地区的水情、雨情，而且能够及时掌握上下游水雨情趋势，为决策提供实时材料；再配合与之同步开展的信息化决策支持系统，大大推动了防汛决策的科学化和信息化。

4. 三峡工程及上游水库群的建成，减轻了江汉平原的压力

三峡工程位于长江上游向中游过渡的总口子上，控制了江汉平原最重要的客水来源。它独立使用可以抵御长江上游百年一遇的洪水；与分蓄洪区及其他工程配合使用，可抗御更大的洪水；当江汉平原出现洪水时，它还可以通过控制下泄水量，将上游洪水暂时存留于水库内，避免防洪形势恶化。三峡工程建成后，已经充分发挥了巨大的防洪作用。

从2015年起，伴随着上游水库群的建成，长江防汛抗旱总指挥部初步建成了水库群联合调度系统，通过2016年、2017年的试运行，规模不断扩充，取得了明显的效果。今后，当江汉平原出现洪水时，能够伸出援手的不仅有三峡，还有一个覆盖长江上中游40多座水库组成的水库群。这个水库群不仅有益于防洪，也有益于将来的水资源综合配置，使包括江汉平原在内的长江流域水安全多了一份保障。

二、基本原则

在世界范围上看，在大江大河治理达到一定标准情况下，加大内涝防治力度和搞好农田水利工程配套建设，以促进区域经济和农业可持续发展，是许多国家平原湖区的共同经验。江汉平原水灾害防治也面临着从防洪到治理渍涝转变的课题。

当前，江汉平原共有7个治涝区、106个治涝片。治涝区有：荆北区，荆南洞庭湖区，汉北区，汉南区，武汉附近江北区，武汉附近江南区，黄广、华阳河区等。其基本情况见表3-3。

表 3-3 江汉平原区治涝分区表

治涝区	治涝子区		分区内垸面积（平方千米）	范 围
荆北区	沮漳河下游		956	沮漳河两河口以下，含百里洲
	四湖地区	上区	1026	长湖湖堤、田关河以北
		中区	5980	长湖湖堤、田关河以南，下新河、洪湖东围堤以西
		下区	1155	主隔堤、下新河与东围堤以东
	人民大垸		416	长江干堤外滩
	汉西片		355	汉江西岸（碾盘山至沙洋）沿江平原
荆南洞庭湖区	荆江分洪区（虎东片）		1016	虎渡河以东、藕池河、安乡河以西
	松西片		638	松西河以西
	松虎区间		1338	松西河以东、虎渡河以东
	藕池调东片		916	安乡河以东
汉北区	汉东片		1240	汉江东岸（碾盘山至张港）沿江平原
	汈汊湖区		2356	汉北河南平原湖区
	汉北河北岸		1022	汉北河北岸西河、东河、溾水、大富水下游
	府澴河下游		1609	府澴河下游平原湖区
汉南区			4687	汉江南岸、长江、汉江、东荆河环绕区域
武汉附近江南区			7471	两起湘鄂两省的界河——黄盖湖，东至阳新县富池口闸，北临长江
武汉附近江北区			3019	鄂东长江北岸六条支流——滠水、倒水、举水、巴河、浠水、蕲水下游冲积平原，南临长江，北依大别山
黄广、华阳河区			1440	湖北省东部长江北岸鄂皖两省界河——华阳河下游平原湖区

渍涝治理应遵循下述五项原则：

1. **维持基本布局，转换滞泄格局**

现有各子区的除涝排水布局，经过了几十年的建设和运用，以相对较小的排涝模数，达到了较好的排涝效果。布局比较合理，无须变动或做大的调整。

根据多年排涝经验，原则上凡有集中滞蓄和尚存湖泊的低洼地区，应优先考虑恢复和扩大湖泊集中蓄滞，无集中湖泊调蓄能力的地区应按每平方千米 3 万～5 万立方米增加水面率（包括洼地槽蓄滞留和沟渠槽蓄）。遵循这一方针，可减少灾害搬家，实现风险负担、效益共享和社会公平。

2. 实施退田还湖，适度调整泵站

从总体上说，江汉平原围垦过度。要坚决制止再垦，并逐步通过退田还湖，结合转换滞蓄格局和多元开发，增加各片区内的滞蓄容量。

在当前滞涝库容无法大幅度增加、一级泵站排涝能力较为薄弱的情况下，依据高水高排、就地排涝的原则，可适当扩充外排装机；但对于容量已经较大的二级站、三级站，仍应严格控制其装机规模，不得扩容。

3. 统一除涝标准，减少田间淹没

目前，江汉平原田间、小排区和骨干排水系统标准不一致，局部标准高于全局。对此要采取统一标准、共同受益的原则，进行合理的调整。

所谓"统一标准"，是指湖北省平原湖区原则上统一采用"十年一遇"的排涝标准。对于标准中的其他内涵，特别是暴雨历时（一日或三日）和排水历时（三日或五日）可依据当地致涝的最不利情况选定。

4. 保障粮食产量，多元开发利用

坚持保证基本农田、适应市场需要的原则，进行种植结构调整，提高农民收入。播种面积要本着因地制宜、合理避水的原则，建立合适的轮作体系，提高种植业的应对能力，降低涝、渍风险。

三、关注焦点

（一）坚守一个基本目标——可持续发展

江汉平原的水灾害防治，要在不断提高抵御水灾害水平的同时，保护和改善自然生态环境，以科学发展观为统领，在水灾害防治上实现观念创新、技术创新、经济结构和管理体制上的创新。

1. 在退让中求发展

水灾害是不以人的意志为转移的，但对于水灾害最明智的办法，莫过于在退让中求发展，即人给水以出路，水给人以活路。

江汉平原在早期的水灾害防治中过于强调人定胜天，由此带来了经济的发展，也造成了水灾害频繁的现实。中央实施的"退田还湖""平垸行洪"等治水新政，是舍一寸以固千里，可以提高水灾害防御能力。在退让中求发展，是江汉平原水灾害治理中必须坚持的一个理念。

2. 从减少中求效益

治水新理念的实施要增加湖泊库容，虽然减少了部分耕地资源，但是提高农业经济的重要源泉，在于适应市场需要，调整经济结构；更有生态农业、绿色农业和"饲养不如野生"等产业的巨大商机。

3. 向多元化求进步

湖区经济结构的致命弱点是单调和一般化。只有打破这种经济的格局，才能具有更好的发展机遇。平原湖区耕地的"减""少"将是相当长时期内的总趋势，应在保证国家确定的基本农田红线的前提下，谋求相应于这一趋势的多元化发展的经营结构，才是远见卓识的战略。

（二）注重三重属性

水灾害防治，既是技术行为，也是经济行为，在江汉平原的水灾害防治中一定要关注技术可行性与经济合理性，使两者达到平衡。

1. 工程的技术可行性

水灾害防治工程具有投资大、工期长、参建单位多、专业门类多、部门广的特点。因此，工程建设必须具有技术可行性，严格依照基本建设程序，决不能因为进度、投资的原因影响质量安全，更不能因贸然使用不成熟的新技术而影响到质量安全。

2. 工程的经济合理性

水灾害防治也是一项经济工程。其目的是为了保证人民利益和社会经济的发展，工程的建设和维护需要耗费大量的人力、物力、财力。因此，水灾害防治标准不是越高越好，而是在社会经济实力可接受的范围内，选择较高的治理标准。

3. 资源利用的有效性

水灾害防治涉及水利工程的方方面面。资源利用的有效性，是衡量一项水工程的重要标准，也是其能够持续发展的重要问题。对于江汉平原来说，水灾害防治工程应该同时兼顾水资源配置、水环境保护和水生态修复等方面，同样还应该采用包括社会经济、粮食供应、生态环境等综合控制指标。

（三）把握五个态势

朱建强在《江汉平原水灾害治理的重点与科学防治》一文中指出："纵观江河中下游平原地区水灾害防治的研究与实践，可清楚地看到以下5个方面的发展态势：①由单纯依赖堤防约束洪水发展到由堤防、控制性骨干工程组成的防洪工程技术体系；②由重视洪涝防治的工程技术发展到既重视工程技术又重视管理技术；③由点（关键部位控制工程）、线（堤防）设防控制发展到流域综合治理，特别是水土保持以及生态修复技术日益受到重视；④在水灾害治理中，农业技术措施开始受到重视，并把灾害治理同发展农业生产紧密联系在一起；⑤防洪工程体系建设与管理的技术含量越来越高，现代高科技受到重视并得到应用。"

江汉平原的水灾害防治正处于由防洪为重点到防洪、除涝、排渍并重的转变，这五个态势同时存在，值得我们研究与关注。

（四）协调十个关系

水灾害防治体系，涉及方方面面，需要协调各种关系，才能确保它的有效运行，因此，在确定水灾害防治体系时，必须充分考虑各种关系、各方利益。其中最为重要的有以下十种关系。

1. 防洪与内湖治理的关系

江汉平原的主要洪涝灾害在区外，无论长江、汉江还是洞庭湖区的超额洪水，都是本区域无法完全接纳的，因此，平原区内最重要的防洪措施是加固堤防、关好大门。与之相比，内湖治理居于次要和服从地位，但在防洪安全的基础上应积极将内湖治理好，为进一步防洪保安提供条件。

2. 排水与调蓄的关系

江汉平原的湖泊在过去被填太多，排水系统比较混乱。在洪水期间，为保护田地收成，低湖田拼命加大二级抽水站的建设规模，将涝水强行排到高田，造成"低湖收稻谷，高田出平湖"的奇怪现象。这是一种只讲投入、不计效益的错误做法。因此，只有采取退田还湖，调蓄削峰，加上必要的工程措施，才能解决低洼地区的水袋子问题。

3. 自排与提排的关系

在排水方面，尽量采取以自排为主，实行提排、调蓄并重的方针，避免因提排造成洪水搬家的现象。

4. 已有工程配套、挖潜与新建工程的关系

江汉平原已有工程较为普及，但许多工程存在运行时间较长、老化严重、配套工程缺失的情况。一方面要对已有工程积极进行配套改革，挖掘潜力；另一方面也可适量新建部分工程，扩大防治效果。

5. 上下兼顾与分区治水的关系

应在统一调度、上下兼顾的前提下，实行高水高排，分区治理和层层排水、层层调蓄的原则，防止出现治上害下，或治下害上、以邻为壑的现象。

6. 排地表水与排地下水的关系

江汉平原的低产田多因常年渍水造成。农作物生长要求地下水位要降到离地面0.8 ~ 1.0米，才能为高产创造条件。因此，在排地表水的同时必须降低地下水位。

7. 治水与水产养殖的关系

江汉平原湖泊众多，既可调蓄洪水，又可水产养殖，前者强调社会效益，后者强调经济效益，两者均有合理性。在进行水灾害防治工程建设时，应根据不同时段、不同地区的具体条件，分别确定重点，或以调蓄为主，注意生态平衡。

8. 治水与植树造林的关系

林业是实现农业生态系统良性循环的纽带，湖区造林与防浪、防风、防水土流失有着十分密切的关系，湖区造林可以调节气候，保持水土，美化环境，促进农村经济的全面发展。

9. 治水与水运事业的关系

江汉平原河网纵横，长江是天然的黄金水道，平原河网也有一定的水运条件，但由于多种原因，碍航情况严重。为了充分发挥地区水运优势，应实行统一协调规划、分期综合治理的原则，进一步发展水运事业。

10. 治水与血防工作的关系

江汉平原是我国血吸虫病最多、血防形势最严峻的地区；水利是消灭血吸虫病唯一中间宿主钉螺的主要措施之一，在疫区应坚持优先灭螺的原则，加强综合措施，使血防工作取得新成绩。

四、应对思路

（一）完善防洪工程体系，补齐防洪工程"短板"

全面推进江汉平原河道堤防、分蓄洪区和河势控制工程建设，补齐防洪体系短板。继续加强汉江干流和重要入江支流的堤防建设；根据保护区社会经济情况，逐步开展中小河流的堤防建设。按照分蓄洪区启用概率和保护对象的重要性，有序推进分蓄洪区建设，加快实施荆江分蓄洪区、洪湖分蓄洪区东分块、华阳河分蓄洪区和杜家台分蓄洪区建设。根据三峡工程和汉江梯级枢纽建成运行后河势变化情况，继续实施长江和汉江河道河势控制及岸坡防护工程，稳固岸线。对荆南"四河"和东荆河等明显淤积的分流河道进行疏浚，恢复河道行洪能力。

（二）恢复河湖水系连通，提高城市防洪排涝能力

本地暴雨导致的城市内涝是城市防洪面临的新问题，需采取综合措施应对，以提高城市防御暴雨内涝的标准。通过加强对城市湖泊、湿地等自然水体的保护和恢复，改造和新建连通湖泊的渠系，保持河湖水系自然连通，构建城市良性水循环系统，增强雨洪调蓄能力。同时提高管网排水标准，完善涵闸、泵站等城市水利基础设施，提高城市泄洪排涝能力。

（三）完善治涝体系，提高农田湖区排涝能力

通过退田还湖、合并围垸、疏挖渠系，提高排区的滞蓄能力，改善排区水生态环境。

通过泵站更新改造，恢复原有功能；适当增加泵站装机容量，按排涝标准提高抽排能力。完善法规和管理制度，加强管理调度，逐步建立以流域为单元的排涝管理体系，统筹排涝工程的调度运用。

武汉市东西湖区白马泾泵站（图3-8），将有效改善汉阳东湖水系排涝能力不足的难题。

（四）加强非工程措施，提高管理洪水能力

防洪理念由控制洪水向管理洪水转变，必须给洪水出路。在加强洪水灾害风险管理的基础上，完善洪水调度方案和应急管理制度，并通过健全法律法规以保障调度方案的实施。加强分蓄洪区和高风险区居民的防灾减灾意识，逐步推广洪水保险，完善分洪补偿和社会援助制度，减轻受灾居民的损失。

图3-8 武汉市东西湖区白马泾泵站

第四章

/ 水资源配置 /

丹江口水利枢纽

　　随着经济社会的发展，人们对水资源总量的要求越来越高；与此同时，平原区的来水量却在持续减少。江汉平原正面临着严峻的水资源缺乏问题。科学配置水资源和加强节水型社会建设，实现水资源的高效利用，作为保障江汉平原水安全的重大举措，越来越受到世人们的关注。

第一节 历史与现状

一、水资源开发利用现状

（一）水资源总体丰富，但客水多，本地产水少

江汉平原水系发达，湖沼密布。除长江、汉江外，还有大量的中小河流、湖泊等。江汉平原的水资源主要由地表水、地下水两部分构成。

地表水又分为自产水资源和过境客水，江汉平原以过境客水为主。湖北省长江流域自产地表水资源量 1000 亿立方米；长江流域在湖北省多年平均入境客水 6394 亿立方米，其中长江干流为 4190 亿立方米，洞庭湖流入约 1855 亿立方米，汉水流入 331 亿立方米，宜昌至湖口入境 18 亿立方米；长江干流出境水量 7000 亿立方米，湖口以下干流出境 16 亿立方米。江汉平原多年平均入境水量约 7250 亿立方米，自产地表水资源量 379 亿立方米，产水模数（50.7 万立方米每平方千米）比湖北省（54.1 立方米每平方千米）和长江流域平均水平（55.3 立方米每平方千米）约少 10%。

江汉平原的地下水也较为丰富，多年平均地下水资源量约 132 亿立方米，其中与地表水重复利用量约 93 亿立方米。初步估算，江汉平原当地自产水资源总量约 419 亿立方米，人均占有水资源量 1110 立方米，约为全国平均水平的一半，也远低于国际公认的严重缺水警戒线（人均 1700 立方米）；耕地亩均占有水资源量约 1347 立方米，约为长江流域平均值（2001 立方米）的 70%。江汉平原自产水资源量相对较为紧缺，但具有丰富的客水资源，长江、汉江是其重要的供水水源，除平原北部距汉江干流距

离稍远的区域外，一般年份，江汉平原水资源供应总体问题不大。

（二）水资源时空分布不均，开发利用难度较大

江汉平原区的水资源，在时空分布上并不均匀。江汉平原1956—2000年多年平均径流深等值线图见图4–1。

江汉平原多年平均产水模数56万立方米每平方千米左右，其中地表水为50.7万立方米每平方千米左右。总体而言，南部大北部小，东边大西边小，以鄂东南的咸宁和黄石模数最高（70万~80万立方米每平方千米），其次是黄冈（60万~70万立方米每平方千米）；最低的是平原西北角的荆门（30万~40万立方米每平方千米），其次是天门和孝感（40万立方米每平方千米左右），其余地区产水模数多为40万~60万立方米每平方千米。亩均水资源分布也与之相应。人均水资源量，则以咸宁最高，以武汉最低；荆门、孝感、天门、鄂州居其后，这与社会经济发展程度和人口密集程度相关。

江汉平原水资源不均，主要体现在时间方面。在年内分配中，70%左右的降水发生在汛期5—9月，且多以洪水或暴雨形式出现。在年际分配中，许多地方丰枯年份降水量差距近5倍，径流深的年际差距更大，给水资源利用带来难题。

江汉平原地形平坦，除对湖泊蓄水加以利用外，不具备人工兴建大中型蓄水工程的条件，当地水资源开发利用较少。除长江、汉江干流外，江汉平原周边还有大量的中小河流入境，尤其是江汉平原西部和北部靠近山丘区的地区，通过区外兴建蓄水工程对客水加以利用，但这些中小河流流域面积不大，流程短，落差大，开发利用有限。除鄂东南水网区和鄂东沿江平原区外，江汉平原其他地区大多通过引、提水工程对长江、汉江的客水加以利用。

江汉平原的地下水总量丰富，以松散岩类孔隙水为主，广泛分布于第四纪砂岩、砂砾岩、砾石岩层与黏土层交互成层，具有良好的储水功能。江汉平原目前地下水开采量不大，除农村地区还存在部分分散式开发外，其他区域基本取用地表水。

（三）部分地区水资源开发利用不合理，局部污染严重

江汉平原经济发达、人口众多，由于工农业生产和城乡居民生活废污水排放，导致水体污染。长江、汉江局部水域排污口和取水口交叉布置，影响取水水质；而农村地区普遍使用的化肥、农药、畜禽粪便所造成的面源污染，以及水产养殖业导致的内源污染也在持续增加，由水污染导致的水质性缺水日渐凸显。这些都加大了江汉平原局地、部分时段缺水的程度。

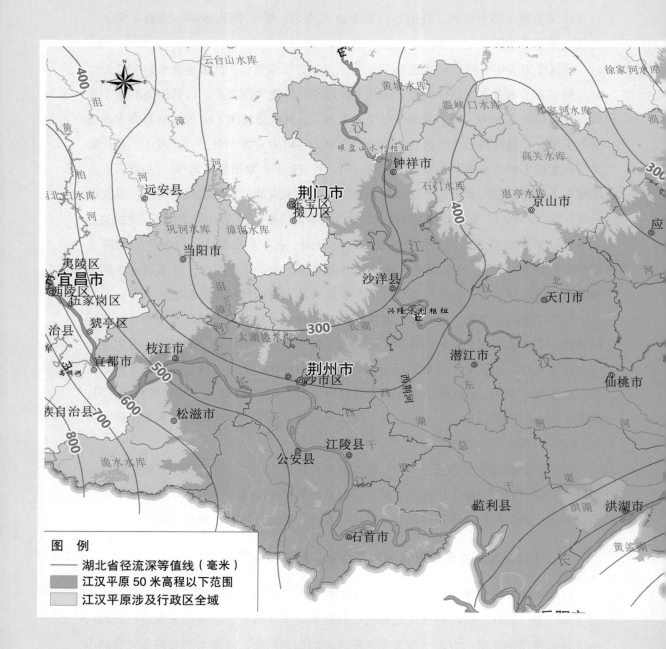

图例

—— 湖北省径流深等值线（毫米）

江汉平原 50 米高程以下范围

江汉平原涉及行政区全域

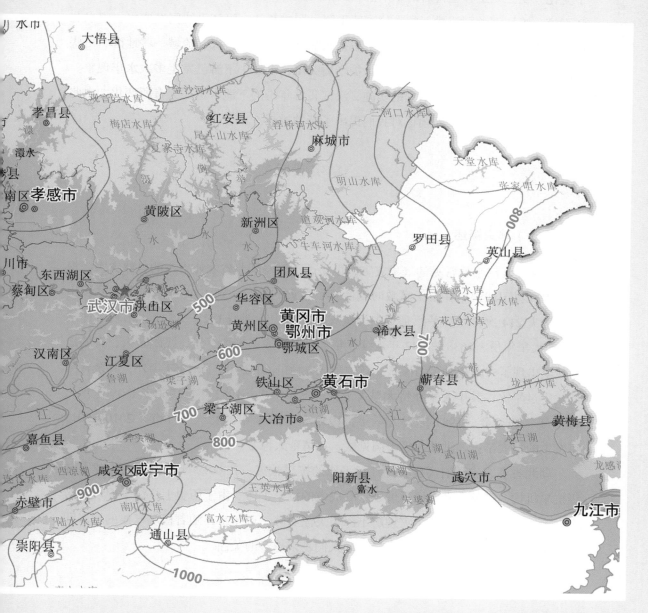

图4-1 江汉平原1956—2000年多年平均径流深等值线图

（四）三峡工程和南水北调中线工程，对江汉平原水资源提出新的挑战

近年来，伴随着三峡工程和南水北调中线工程的实施，湖北省的水资源情况出现了变化。受三峡工程运行后清水下泄和汉江兴隆梯级的影响，下游刷深河床，导致长江干流、汉江下游同流量下的水位有所下降，影响长江、汉江沿线闸站取水；南水北调中线工程向华北输水后，汉江中下游来水显著减少，导致汉江流域一些地区、一些时段，水资源开发利用和生态环境保护矛盾突出，汉江中下游已发生多次水华现象。

随着陕西省引汉济渭工程的实施，汉江正常年份的下泄水量还会有所变化，由此带来的汉江水资源紧缺问题也对我们提出了新的挑战。

二、旱灾状况

（一）旱灾概述

干旱是江汉平原常见的气象灾害，也是严重影响湖北省农业生产的自然灾害。根据历史资料记载，早在秦王嬴政时期便有了旱灾的记录，到 1949 年，湖北省共发生较大旱灾 214 次，江汉平原是其中的重灾区之一。特别是 1323—1331 年出现了连续 9 年的大旱年份，1638—1642 年连续 5 年干旱，平原区赤地千里，飞蝗蔽天，有的地方甚至出现了"人相食"的惨状。新中国成立后的 60 多年，除 1954 年外，其余各年都发生过旱灾，其中大旱和特大旱灾平均约 5 年一次，1952 年、1960 年、1961 年、1966 年、1972 年、1981 年为大旱年，1959 年、1978 年的特大干旱年。2010—2011年发生的特大旱灾，洪湖几乎干涸见底，灾情令人惊心。

湖北省委、省政府高度关注江汉平原的抗旱救灾，在 60 多年的时间内组建了各级抗旱机构，带领全省人民开展了卓有成效的抗旱工作。由于历史上江汉平原以洪涝灾害为主，致使许多人对旱灾理解不深、关注不够。近年来，随着极端气候的增多和水资源短缺问题的加重，旱灾已经引起人们越来越多的关注。

（二）旱灾时空分布

1. 时间分布

与洪涝灾害只出现于汛期不同，江汉平原每个季节都可能出现旱灾，其中西部平原的腹地在春季早稻插秧时，因江河水位低，无法引水灌溉，容易导致春旱。而鄂东平原区在9—10月常常秋高气爽，连续天晴，蒸发量大，容易产生秋旱，整个平原的伏旱都比较常见，冬旱不多，但如遇秋冬连旱，则容易影响冬播和来年春耕生产。

2. 地域分布

江汉平原每个区域都有可能发生旱灾，但总体趋势是北多南少、东多西少。平原北部及西北边缘靠近鄂北山区的区域，因与丘陵区接壤，位置相对较高，对长江、汉江水的利用难度大，本身以及入境的中小河流又位于湖北省径流相对低值区，其干旱灾害频率和程度都较其他地区为多；鄂东平原较为狭窄，受周边丘陵影响大，旱灾频率高于西部的连片平原区；位于"四湖"地区下游的洪湖、监利等地号称"水袋子"，旱灾频率相对较低。

3. 旱灾区域有扩展趋势

新中国成立以来，江汉平原的旱灾不仅年际愈来愈频繁，而且也呈现一年内数旱、旱期长、旱涝交替的特点。据《湖北省水利志》记载，1949—1985年，干旱在50天以上的就有23年，年干旱时间接近或超过100天的有9年。在地域分布上，旱灾有不断扩展的趋势。过去"怕涝不怕旱"的潜江、监利、石首，以及号称"水袋子"的"四湖"地区都开始面临江水下落、河湖干涸、农田龟裂的局面。2010—2014年多季连旱、持续大旱，旱期长、面积广，旱情为数十年所未有。

（三）旱灾原因及影响

1. 旱灾原因

导致江汉平原旱灾的原因很多，我们认为主要有以下4个。

（1）降雨和水资源时空分布

平原区在汛期（5—9月）5个月的降水占全年70%以上，非汛期7个月不足30%，径流的年内分配大致相同，但变化更为剧烈；空间分布上则是东南多西北少。受降雨影响，平原区水资源也呈现出时空分布不均的特点。

（2）季风气候因素

江汉平原属典型的亚热带季风气候区，如果夏季风在平原上空停留较短，或者跳过湖北而直抵北方，那么整个平原就会在稳定的副热带高压控制下高温少雨，导致大旱。

（3）用水结构因素

江汉平原为鱼米之乡，农业是用水大户，用水季节集中，在用水高峰季节易发生冲突，形成干旱。

（4）工程设施因素

一方面，江汉平原地势低平，除对湖泊蓄水加以利用外，不具备兴建大中型蓄水工程的条件，而湖泊既是供水水源，同时也是平原涝区重要的蓄涝区，且后者作用更大，无法将丰水期多余的水资源储存备用，因而在需水季节缺水，导致旱情扩散。另一方面，江汉平原以客水利用为主，汛前长江、汉江水位偏低，易形成春旱。

2. 旱灾影响

旱灾对江汉平原的影响主要体现在农业减产，较长时间的旱情还会造成河湖干涸、生态恶化、蝗灾等次生灾害。中国历史上由于干旱造成的大面积饥荒、饿殍遍野，导致社会动荡，甚至农民起义的情况并不鲜见。江汉平原的旱灾虽无法与北方干旱地区相比，但同样给这里的社会经济造成了不利的影响。

不过，江汉平原的旱情虽然严重，但是多为局地或短历时，总体而言缺水不严重。由于旱灾不具备突发性，不直接威胁人的生命财产和社会经济，只要粮食储备充足，引水条件足够，旱灾的影响是可以得到有效控制的。这也是江汉平原旱情不断，但百姓普遍感觉不深的原因。

（四）抗旱工作现状

湖北省委、省政府高度关注抗旱工作，坚持抗防结合、以防为主的方针，带领全省干部群众与干旱作长期不懈的斗争。其主要工作体现在：①大力兴修水利，发展农田灌溉事业；②采取工程措施和非工程措施相结合的办法，减少水土流失带来的水、土、肥流失；③组建专业化抗旱服务组织，帮助农民修建工程，提供设备和技术咨询服务，推广节水灌溉；④充分发挥水利行业职能，制定预案，广辟水源，科学调度水库、灌区及各类涵闸、泵站提引江水；⑤充分动员全社会力量，投入抗旱斗争。

江汉平原的抗旱工作虽然取得了一些成绩，但是仍存在不少问题。一是水利工程设施老化，效益衰减。近年来，随着国家对水利投入的增加，大中型泵站、引水涵闸以及平原周边的蓄水水库大多进行了除险加固，但仍有很多小型工程投入不足，影响了灌溉效益的发挥。二是三峡水库和南水北调中线工程实施之后，长江、汉江水位发生了变化，影响了部分闸站工程的取水条件。

三、灌溉与城乡供水

（一）农田灌溉工程

农田灌溉是江汉平原水资源配置工程的主要服务对象。自古以来，江汉平原农业发达，有"湖广熟、天下熟"的美誉，由政府和民间组织修建的农田水利设施数不胜数。但直到新中国成立前，其规模依然较小，机械化水平较低，抗旱能力严重不足，大多数农田依然是"望天收"。

新中国成立后，为了发展农业，湖北省委、省政府领导平原区人民因地制宜，勤俭治水，修建了各种类型的灌溉工程，逐步解决农田缺水怕旱的问题。

江汉平原的农田灌溉事业，经历了实践、认识、提高的过程。

自1955年开始，湖北省开始进行系统的农田水利规划和建设，至20世纪70年代末，基本形成了平原中部和西南部以引水为主，东部和北部以蓄水为主，提水予以补充的灌溉格局。江汉平原主要的大型灌区有天门引汉、泽口、兴隆、观音寺、监利何王庙、监利隔北、西门渊、洪湖隔北、举水等引水灌区，三湖连江水库灌区等，周边的蓄水灌区如漳河、浇水、白莲河、陆水、徐家河、郑家河、高关、石门、惠亭、王英、梅院泥等也有部分灌溉范围位于江汉平原。中小型灌区更是不计其数。

自20世纪80年代开始，湖北省深化水利改革，使工程逐步向良性运行发展。尤其是近二三十年间，投入了大量资金对病险水利工程进行除险加固，对大中型灌区进行续建配套与节水改造，还实施了众多小型农田水利重点县小农水年度项目，实现了小农水重点县全覆盖。与此同时，引进、推广了高效节水灌溉技术。

1. 蓄水灌溉工程

江汉平原的主要蓄水工程有水库、湖泊和塘堰。

江汉平原地形低平，不具备兴建高坝大库的条件，中小型水库和塘坝也相对较少，太湖港水库、三湖连江水库是区内少有的大型水库，平原湖区大量分布的湖泊是其重要的灌溉水源，如长湖、洪湖、梁子湖、斧头湖等。

江汉平原周边，建有正常蓄水位100米左右、以平原区为主要灌溉和供水目标的大型水库，以及众多的中小水库，如荆门的漳河、石门、惠亭，咸宁的陆水，黄石的富水、王英，荆州的浇水，孝感的徐家河（随州境内），以及黄冈的浮桥河、白莲河，武汉的夏家寺、梅店、道观河水库等，它们在保证平原区灌溉和城乡供水中发挥着重要的作用。丹江口水库是南水北调中线水源，汩汩的汉江水通过陶岔渠首（图4-2）流进华北平原和京津地区。

2. 引水灌溉工程

湖北省的引水工程主要包括堰坝引水和涵闸引水。

与蓄水、提水灌溉相比，引水灌溉费省效宏，而且见效快速、直接，因而广受群众欢迎。其中使用最广泛的是荆州市，其引水涵闸数量多、规模大，灌溉效益也最为明显。这些涵闸不仅保证了稳产高产，还解决了航运水源和工业及城乡用水。如天门的罗汉寺闸，潜江的泽口闸、兴隆闸，洪湖的郭口闸，监利的西门渊闸、何王庙闸等，以长江、汉江（含东荆河）水为引水水源。堰坝引水的主要有新洲邾城举水橡胶坝等。

3. 提水灌溉工程

江汉平原的灌溉以引水为主，提水灌溉作为补充。1972年大旱，江汉平原水库蓄水量小，江河湖泊降到历史低位，沿江涵闸无法取水，导致农田受灾严重。之后，一大批电力泵站和电力排灌两用站在江汉平原兴建，基本做到了高水高灌、低水低用。

江汉平原的大型排灌站有江陵李家嘴、钟祥郑家湾、孝感田家岗、安陆金泉，以及荆门的风景寺、大碑湾、古定桥等。

4. 配套工程

江汉平原渠系配套设施主要有输配水系统（渠道系统）、田间系统（渠网化）以及涵闸、隧洞、渡槽等。截至21世纪初，平原各灌区的农田基本实现渠网化，渠道系统的配套率已达70%(主要是配套干支斗渠三级，农、毛渠二级较差)，保证了渠道通水受益。同时，围绕灌溉渠系的配套完善，对灌区土地进行了平整改良，引进、试点、示范和推广灌溉新技术，如渠道防渗、灌溉试验、节水灌溉等，保证灌区农田稳定丰收。

5. 灌溉技术

随着灌溉事业的发展，除渠道配套外，江汉平原各灌区还在渠道防渗、测流计量和自动遥测系统技术方面取得了进步。同时，积极开展农田灌溉与排水试验。数十年来，随着灌溉农业和灌区的发展，农田灌排试验研究项目，由单一灌溉到灌排结合，由水稻到旱作，由粮食到经济作物，由常规试验到专项研究，由传统灌溉模式到节水高效灌溉模式，由时间到空间，由试验研究到成果运用与大田指导，逐步深化完善。

（二）城乡供水工程

城乡供水包括城市供水和农村安全饮水两大部分。除武汉市外，江汉平原其他城

图 4-2 南水北调中线渠首——陶岔

市供水大多由住建部门负责,水利部门主要是结合人畜用水和农业灌溉兴建了集镇和乡村供水工程。

与灌区类似,江汉平原县城及以上的城市大多以长江、汉江为供水水源,东部和北部城市多以周边的水库为供水水源,但大多数供水水源较为单一,城市备用供水能力明显不足,突发水污染带来的局部水源地水质风险问题依然存在,抗风险能力差。

经过多年建设,已基本实现农村饮水安全全覆盖,基本形成以千吨万人规模以上水厂为主的新型农村供水格局,有效改善了农村百姓生活条件,也客观提升了农村文明程度。但是受水源条件、工程状况、居住分布、人口变化和标准提升等自然、经济和社会因素影响,湖北省农村特别是贫困地区饮水工程仍存在建设标准偏低、小型或分散供水工程偏多、水质保障和供水保证程度不高、长效运行机制还不完善等问题,与人民日益增长的对美好生活的向往尚有一定差距。

四、节水型社会建设

2005 年，湖北省襄阳市入选全国第二批节水型社会建设试点名单，此后，荆门市入选全国第三批节水型社会建设试点名单。2008 年，湖北省选定随州市、十堰市茅箭区、天门市为全省节水型社会建设试点，均取得明显成效。

2017 年，按照"中央一号文件"以及水利部相关文件要求，湖北省加大力度推进县域节水型社会达标建设工作，引领带动节水型社会建设，湖北省水利厅制定并印发了《湖北省县域节水型社会达标建设工作实施方案（2017—2020 年）》，在全省遴选黄陂区、孝昌县、宜都市等 24 个（其中江汉平原涉及 17 个）基础条件相对较好、有一定代表性和典型性的县（市、区），利用三年时间分三批，开展县域节水型社会建设申报和达标创建工作，为指导全省县域节水型社会达标建设提供重要依据和示范借鉴。

（一）农业节水

节水型社会建设，包括农业节水、工业节水和生活节水。其中，农业节水，尤其是灌溉农业节水潜力最大，占据最为重要的位置；节水灌溉在节水型社会建设中也占有最大的权重。

节水灌溉的工程措施包括喷灌、滴灌、微灌、低压管道输水灌溉、渠道防渗等。是一种先进的科学灌水方式，也是农田水利发展的必然趋势。

早在新中国成立初期，武汉市郊就建有蔬菜喷灌站，但是江汉平原有组织地开展喷灌工作则始于 1976 年在云梦县棉田和武汉市郊蔬菜地的喷灌试验，喷灌技术在全省推广后，江汉平原又开展了更节水的微灌和低压管道输水灌溉工作。同时在灌溉机具、管材、渠槽防渗技术和土工膜防渗技术等方面进行了研究，节水灌溉走到了全国前列。

除节水灌溉技术外，20 世纪 80 年代，漳河（图 4-3）、滠水、徐家河、梅川等灌区就推行了"按方计量，定额配水"，并在不久后向全省推行"灌溉定额"管理的模式。灌溉定额管理以大量的农田灌溉试验为基础，1976 年云梦棉田试验被水利部科技司列为南方唯一的国家级试验点，1978—1982 年，襄阳、黄冈、荆州 3 个地市整编、刊印、推广了各自的试验资料和成果，湖北省水利厅组织出版了《灌溉试验技术交流》一书。1985 年，联合武汉大学完成了《湖北省参考作物需水量及水稻需水量等值点图研究》，并于 1986 年 11 月通过省级鉴定，1991 年通过水利部鉴定并获奖。

图 4-3 漳河

1990 年 4 月以"全国灌溉试验资料整编湖北协作组"的名义，完成了《湖北省灌溉试验成果集》。这些成果已普遍运用于水库和灌区建设，并推广到大田作业中去。90年代还在漳河水库团林站开展了"灌溉预报"工作，指导大田作业。

经过多年来的灌区续建配套与节水改造，在江汉平原大力推广节水灌溉技术尤其是实行最严格水资源管理制度以来，江汉平原灌溉水利用系数平均每年提高约0.005，现状达 0.51，与全省平均水平持平，以武汉市 0.53 的利用系数最高。

（二）工业节水

在工业节水方面，以县域高耗水行业为重点，大力实施节水工艺、技术升级和系统改造，逐步淘汰落后产能，推动工业企业园区发展，实现水资源集约节约利用，大力提高工业水循环利用率。近年来，江汉平原的工业节水成果显著，万元工业增加值用水量逐年下降。按 2015 年可比价计算，2017 年全省万元工业增加值用水量为 64立方米，较 2015 年实际用水量（81 立方米每万元）下降 21%；江汉平原 2017 年万元工业增加值用水量为 60 立方米，节水水平高于全省平均值，较 2015 年实际用水量（77立方米每万元）下降 22%，降幅略高于全省平均水平，已提前达到《国家节水行动方案》

129

对 2020 年的目标要求（20%）。

（三）生活服务业节水

在生活服务业节水方面，在用户侧以节水器具推广为重点，降低用水定额；在供水侧，加快城乡供水管网改造，降低供水管网漏损率以达到节水目的，现状城市供水管网漏损率已下降至 14% 左右。

五、水资源管理工作

2012 年中央出台实行最严格水资源管理制度的举措后，湖北省及时编制相关意见和考核办法，制定了用水总量、用水效率、水功能区限制纳污等"三条红线"，并与各级政府层层签订责任状，将控制指标逐级分解，基本建立了省、市、县三级用水总量控制指标体系。

（一）严格水资源开发利用控制红线管理

1. 加强水资源论证和取水许可管理制度

开展规划水资源论证工作，加强建设项目水资源论证管理，提高科学论证水平，严格实施取水许可制度，切实从源头上控制对水资源的浪费和不合理开发利用；按照总量控制和定额管理的要求，逐级明晰各河流和行政区域取水许可总量，根据从严从紧的要求重新核定各用水户用水量，换发或发放新证；严格水资源有偿使用，严格水资源费征收、使用和管理。

2. 加强水资源统一调度管理制度

根据水资源的动态状况，加强对多种水源的统一调配，实行控制性水利水电工程和跨流域调水工程统一调度，以提高水资源的整体调配能力，保障供水安全和提高抗御水旱灾害的能力。

（二）严格用水效率控制红线管理

1. 加强节约用水管理

开展全国节水型社会建设试点（其中江汉平原有武汉、荆门、鄂州）和省级节水型社会建设试点（江汉平原有天门、孝昌）工作，并进一步积极推进县域节水型社会达标创建工作（江汉平原有 17 个）。大力开展"节水型企业""节水型灌区""节水型学校""节水型机关""节水型社区"等创建活动。在重点用水行业开展节水型企业创建和水效领跑者引领行动，树立了一批节水标杆企业。

2. 强化用水定额管理、计划管理

制定水量分配方案，根据水的中长期供求计划、水资源状况和年度来水量，动态制订年度用水和水量调度计划，逐步建立年度用水计划申报、下达和执行监督机制。

第二节 问题与成因

经过多年的努力，江汉平原的水资源配置能力有了较大的发展。抗旱能力进一步加强，农田灌溉与城乡供水保证率提高；节水型社会建设加快，人民群众节水意识普遍提高；以引江济汉和兴隆水利枢纽为代表的水资源配置工程基本完成，一批新的项目正在逐步开展。但是随着经济的持续发展、人口的不断增加、城镇化进程的加快，平原区对水资源的需求将不断增长，水资源短缺问题日渐显现，供需矛盾依然突出，对水资源配置体系提出严峻挑战，亟须我们下大力气予以解决。

一、主要问题

（一）局部地区缺水严重

与旱灾一样，江汉平原绝大多数地区都存在着程度不同的水资源短缺问题。按照成因，大致可以分为资源性缺水、工程性缺水、水质性缺水等。

1. 资源性缺水

江汉平原客水多、本地水少，人均占有本地水资源量仅 1110 立方米，而且时空分布不均，各个区域、各个时段均有可能出现资源性缺水情况。其地域分布与旱灾分布基本一致，即水资源越短缺的区域越容易遭受旱灾侵袭，而且其抵抗旱灾的能力也越弱。如靠近鄂北"旱包子"的荆门、钟祥等地区缺水最为明显。从当地水资源的角度看，江汉平原资源性缺水较为普遍。

但江汉平原客水资源多,从过境水资源量的角度看,江汉平原绝大部分不是资源性缺水,而是以工程性缺水为主。

2. 工程性缺水

江汉平原的工程性缺水情况复杂,一是地势低平,缺乏兴建控制性水利工程的条件,从而造成缺水问题。二是部分区域高程相对较高,如平原西北部区域,对汉江水利用时往往需提水,运行成本高,造成部分区域缺水严重。三是沿江以长江、汉江、东荆河为主要水源的区域,受三峡水库运用和南水北调中线调水影响,部分河段河床下切,因水位下降造成取水困难,从而部分时段或区域缺水。另外,小部分区域或时段受防洪要求制约,如沿江堤防 500 ~ 1000 米范围内严禁打井取用地下水,在汛期外江高水位时闸站限制使用等,都会造成局部时段局部区域用水困难。

3. 水质性缺水

因水质污染导致本可利用的水资源无法使用,从而产生水质性缺水,在江汉平原也不少见。其中,最主要的水质性污染来源于工矿企业非达标排放和农业生产中农药、化肥及畜禽粪便随意处理。此外,由于城市生活垃圾和网箱养鱼等内源性污染导致的缺水问题。还有一些地区存在着因血吸虫和氟、重金属超标等原因造成的饮水不安全问题。

(二)农田水利短板较多,灌溉用水效率低下

农业是用水的第一大户,其中农田灌溉又是农业用水的第一大户。长期以来,我国下大力气对大江大河进行了综合整治,但对农田水利尤其是"五小"水利(小水窖、小水池、小塘坝、小泵站、小水渠,以下简称"五小")投资较小,导致这些小型水利工程基础薄弱,用水效率低下。粗放的灌溉方式,更对有限的水资源造成浪费。

1. 灌溉方式有待改进

相对于常规灌溉而言,喷灌、滴灌和微灌等灌溉方式更节水、更高效,也更能体现现代农业的发展方向。但由于其投入大、技术高,而且有一定的运营和维护成本,因而大部分地区仍然采取传统的大水漫灌方式,对水资源造成了极大的浪费。

2. 灌溉设施存在短板

江汉平原是粮食主产区,大中型灌区及人工沟渠、泵站、水闸等水利工程众多。但由于大多数水利工程建于 20 世纪 60—70 年代,许多工程年久失修。近年来,重要涵闸、泵站、骨干渠道等通过除险加固、大中型灌区续建配套与节水改造、小农水建设等,情况已有较大改观,但因数量众多,尤其是很多小型工程尚未配套到位,渠道

淤塞、涵闸老化、泵站损毁等现象依然严重。江汉平原农田灌溉水有效利用系数为0.509，而同期全国灌溉水有效利用系数为0.548，仍有较大差距。

3. 管理困难重重

部分中小水库、中小灌区，在工程管理上存在诸多问题，例如：①管理养护机制不健全、管护主体不明确、产权不清楚、管护人才缺乏；②资金投入不足，人员经费、工作费用以及管理设施、维修养护资金得不到保证。由此导致堤渠破损、渠道淤塞、水污染，影响工程效益的发挥。

（三）城乡供水有待加强，饮水安全存在隐患

进入21世纪以来，江汉平原的城乡供水条件有了较大改善，主要城市供水安全稳步提高，供水能力显著加强，但在应急备用水源存在严重不足；而在乡镇，农村安全饮水工程建设标准低，规模化程度不高，水质和水量保障程度低。

1. 城市应急备用水源严重不足

江汉平原的主要城市，多为单一的供水水源，县城及以下的城镇基本没有抗旱应急备用水源工程，城市备用供水能力明显不足，突发水污染带来的局部水源地水质风险问题依然存在，抗风险能力差。部分沿江城市取水口与排水（污）口交错分布，加大了城市供水安全隐患。

2. 农村饮水安全工程问题较多

与大多数地区一样，江汉平原农村饮水安全工程问题基本解决，但普遍存在建设标准低、保证程度不高、长效运行机制还不完善等问题，主要体现在输配水管网建设不完善，水厂建设标准低，水源供水保证率低下、不能满足设计要求，水源保护不到位、水质不达标，工程分散、规模小，难以专业化管理，水价形成机制有待进一步完善，工程维修养护难度大等。让大家喝上足量、安全的饮用水，依然是一项艰巨的任务。

二、成因分析

江汉平原的水资源缺乏，既有客观因素，又有主观因素。其中旱灾和资源性缺水多由客观因素引起，工程性、管理性缺水，主要由主观因素引起。水质性缺水，既有客观因素，也有主观因素。

（一）客观因素

江汉平原旱灾和资源性缺水成因大致相同，以客观因素为主，主要包括以下两个方面。

1. 气候原因

降雨年内、年际变化大。在缺水地区和缺水时段，容易出现旱情。这是旱灾内因，也是主要原因。

2. 自然条件约束

江汉平原地势低平，不具备兴建大型蓄水工程条件，影响抗旱能力。

（二）主观因素

1. 主观认识不足

水是可再生资源，也是宝贵的自然资源、经济资源和战略资源。长期以来，人们普遍认为水取之不尽、用之不竭，因而缺乏保护和节水意识，使用方式粗放，浪费严重。尤其是江汉平原水资源看似丰富，让许多人忽视了其背后水资源短缺的现实。

2. 节水措施不力，资金投入不足

资金投入的不足，还使得许多公益性质的高效、节约的农业生产技术科研无法开展，技术无法推广，产品也难以找到市场，高耗水的传统技术仍然在市场占据主导地位。

3. 管理体制有欠缺

江汉平原水资源配置难题条块分割、各自为战，与缺乏有权威性的统一管理机构有关。主要体现在：①条块分割严重，整合机制薄弱；②产权关系不清，市场配置不合理；③法规制度不全，监督执法不力等。

（三）主客观因素兼有

1. 经济增长与需求增加

随着经济社会的发展、人口的增加和城市化进程加快，人们对水资源的需求不断加大。这既是人类主动选择的结果，又代表了生产力发展的客观趋势。水资源的高效利用将是未来的必由之路。

2. 防汛调度需要

江汉平原素来以防洪涝灾害为主，境内湖泊等水体以蓄涝为主，汛前降低水位以备为汛期储蓄涝水留足空间。若春灌时节降雨稀少，则容易造成旱情。

第三节　理念与思路

江汉平原水资源配置必须以水资源承载能力为依据，在合理控制水资源开发利用程度的基础上，不断加强水资源综合利用体系建设。合理开发、优化配置和节约使用水资源仍是亟待解决的突出问题。必须贯彻开源与节流并举的方针，强化水资源管理，优化配置、高效利用水资源，促进水资源节约和保护，兼顾好生活、生产和生态用水。基本建成流域和区域配置合理、高效利用的水资源保障体系，进一步提高抗旱减灾能力，满足人民生活水平提高、经济社会发展和生态环境保护的需求。

在今后很长一段时间，要解决江汉平原的水资源优化配置，我们应该做到的主要有四点，即开源、节流、盘活存量、加强管理。

一、开　源

雨水、洪水、地下水和中水，是在传统水资源利用中被忽视的可用水资源。在水资源总量相对缺乏的情况下，江汉平原可对这些资源适度加大开发力度，缓解缺水和用水难题。

（一）雨洪资源

江汉平原水资源不足的重要原因之一，是降水时间分布不均，70%以上的降水在汛期，而且多以暴雨洪水的形式出现，在防洪压力较大时难以直接利用，白白流走。如果能通过收集、输送、净化、储蓄系统，将汛末洪水资源有效储存起来，以备枯水期缺水时使用，不失为改善水资源时空配置的有效方式。江汉平原四湖地区、鄂东南水网区可以通过对区内大型湖泊调度运用水位的研究、鄂东沿江平原区可通过对上游水库的汛限水位分期研究分别达到洪水资源利用的目的。

（二）地下水资源

江汉平原地下水资源丰富，但始终没有得到有效开发，《湖北省水资源公报（2017年）》显示，本年度全省地下水的供水量为 8.77 亿立方米，仅占总供水量的 3%；江汉平原地下水利用比重与此相当。其原因：一是地表水资源基本够用；二是地下水资源的利用难度较大，成本较高，水质差，但在局部重点缺水区，适度开采地下水，缓解地表水不足以及由此引发的诸多难题，不失为一个有效的手段。

（三）中水资源

中水是指水质居于饮用水（上水）和废污水（下水）之间，可在一定范围内重复使用的非饮用水。其来源主要是经过处理的城市工业和生活污水，它虽然不能饮用，但是可以冲洗厕所、灌溉园林和农田以及道路保洁、洗车，还可以提供城市景观用水，体现了"优水优用、低水低用"的原则；不仅节约用水，还可以有效避免水污染扩散，有一定的环境效益。对于水质性缺水地区以及城镇居民集中地，应加大中水回用力度，减少废污水排放量。

二、节 流

节流与开源并重。在不断寻找新的水源从而增加供水总量的同时，加强公众的节水意识，减少在第一、二、三产业及日常生活中浪费水的现象，对于缓解江汉平原水资源短缺、优化水资源配置同样有着重要的现实意义。

（一）提高节水意识

首先，充分认识水是宝贵的自然资源、经济资源和生态资源；了解水资源既可再生，又很有限、稀缺的属性，牢固树立"节水优先"的理念。

其次，要充分认识到江汉平原水资源短缺的现实与趋势，在不断开源的同时把好用水关、节水关，要像抓供水工作一样抓节水工作。

最后，要充分认识节约用水不仅是缓解水资源供需矛盾的最有效手段，还是配置水资源、保护水环境，维持水利可持续发展的基本保障；把节水工作作为一项长期的战略任务，贯穿于经济社会发展和生态文明建设全过程。

（二）加大节水力度

逐步建成制度完备、设施完善、用水高效、生态良好、发展科学的节水体系，加大工业节水、农业节水和日常生活节水力度，合理控制需求，扎实开展水资源消耗总量与强度双控行动，采取工程、技术、管理和结构调整等综合措施，将用水总量控制在管理目标范围之内。

湖北省先后有武汉、黄石、宜昌市荣获"国家节水型城市"称号（图4-4）。

1. 农业节水

农业是用水第一大户，也是节水潜力的第一大户。2017年，江汉平原用水总量205.43亿立方米，其中农业用水103.81亿立方米，占50.5%。但农田灌溉水有效利用系数仅0.509，低于全国平均水平（0.548），远低于发达国家的0.8，距《国家节水行动方案》要求的2022年达到0.56也有较大的差距，说明农业节水还有较大的潜力。

农业节水主要措施：一方面，从工程措施上完善农业节水工程体系，进行灌区现代化改造。另一方面，江汉平原应围绕农业供给侧结构性改革，优化调整种植结构，进一步发展节水农业和生态农业，大力推广农艺节水、品种节水；积极推行季节性休

图4-4　湖北省先后有武汉、黄石、宜昌市荣获"国家节水型城市"称号（此图为黄石市）

耕，加快推广非充分灌溉、高效节水灌溉和水肥一体化技术。加快推进农业水价改革，逐步建立精准补贴机制，充分发挥价格杠杆作用，促进农业节约用水。加大农业水权改革力度，促成有规模、有影响的农业水权交易。

2. 工业节水

2017 年，江汉平原工业用水 62.71 亿立方米，占总用水量的 30.5%；按当年价计算，万元工业增加值用水量为 59 立方米，节水水平虽高于全省平均水平（63 立方米每万元），但与全国平均水平（45.6 立方米每万元）和区内节水水平相对较高的武汉市（30 立方米每万元）、宜昌市（32 立方米每万元）相比，仍有较大的节水空间。

工业节水主要措施：一是要加快产业转型升级，推进绿色发展；二是进一步推进工业节水型企业及节水园区创建工作；三是加大技术改造，促进工业节水；四是加强用水监督，夯实管理制度。

3. 生活节水

老口径的生活用水包括城镇居民、城镇公共、农村居民和牲畜用水等；新口径的生活用水仅包括居民住宅日常用水（牲畜用水统计到生产用水的第一产业；城镇公共用水分别统计到第二产业和第三产业）。按老口径计算，2017 年湖北省生活用水 30.05 亿立方米（新口径 14.58 亿立方米），占比 19.2%。

生活用水尤其是新口径中的生活用水多属百姓刚性需求，相对于工业和农业而言，节水潜力较小。主要节水举措：一是在主观上加强节水意识；二是加强节水器具的普及使用，以及旧供水管网的改造升级，杜绝跑冒滴漏等现象；三是加强服务业节水，积极推进餐饮、宾馆、娱乐等行业实施节水技术改造，在安全合理的前提下，积极采用中水和循环用水技术和设备。

（三）突出价格杠杆在节水方面的作用

水价较低是困扰江汉平原节水型社会建设的重要原因。通过价格杠杆，对百姓改变不合理的用水方式，节约用水，有着较为直接的作用。城市的阶梯水价能够抑制水浪费现象，农村水价改革对传统灌溉方式同样会产生较大的冲击。江汉平原水价调整后，群众出于自身利益，会积极采用喷灌（图 4-5）、滴灌（图 4-6）、暗管输水等先进的灌溉方式；适时改种技术含量高、产值高、回报高的一些高效农作物。此外，水价改革在缩减农业生产用水规模的同时，还确保了生态用水。

价格改革，充分体现了"两手发力"这个宗旨，市场这只无形的手往往会发挥比政策调控更有效的作用。

图 4-5 喷灌

图 4-6 滴灌

（四）发挥科技在节水中的作用

农业节水的关键，一是减少无效蒸发，尤其是减少土壤蒸发和农作物的蒸腾；二是调整种植结构，开发培育节水高产品种，提高作物水分利用效率；三是积极研究开发农业节水高新技术，这些都需要科技的支撑。至于工业节水，科技含量就更高。因此，在节水型社会建设中要充分发挥科技这个第一生产力的作用，把科技节水放到重要位置。

三、盘活存量

江汉平原水资源缺乏多出现在局部地区、局部时段，盘活本地水资源存量，均衡水资源时空分布，可以在很大程度上解决问题。

（一）已建工程的挖潜

江汉平原及其周边建有大量的水利工程。可以充分利用现有骨干供水工程富余能力配套挖潜，如引江济汉工程以自流为主，同时建有补水泵站，可重复利用泵站提水能力，增加汉江干流兴隆以下河段水量，为河道外提供更多水量。另外，还可以通过江汉平原北部正在建设的鄂北地区水资源配置工程，利用其富余供水能力，兴建鄂北二期工程，将丹江口水库水自流输送到江汉平原北部的水库，通过长藤结瓜方式提高供水保证率。同时，通过对其他输配水工程进行除险加固、续建配套等，可有效增加其供水量。

（二）加强"五小"水利建设

随着社会经济的发展，大型水库、大型灌区日趋增多，导致原有的"五小"水利不断萎缩，许多小水利基本丧失功能，如果能适当恢复部分工程，不仅对补充大型水库、大型灌区水源，缓解各方用水矛盾有作用，同时还能储存部分水资源，缓解江汉平原水资源分布时空分布不均的矛盾。

（三）合理地退田还湖

江汉平原大规模的围湖造田，解决了粮食安全问题，但同时带来了灌溉需水增加和水资源储蓄能力不足的矛盾。在不影响粮食安全的前提下，适当退田还湖，一方面可以减少用水需求，另一方面能够有效提高平原区水资源存储量，增加抗旱和应对水资源短缺的能力。

（四）水系连通工程

"五小"水利、退田还湖从总体格局上说，是将丰水期的水储存起来供缺水期使用，改变的是水资源的时间分布，而江汉平原的水资源还有空间分布不均的问题。水系连通工程将水从"水多"的地方引到"水少"的地方，可以促进水资源空间均衡，优化区域水资源配置，还可以增加缺水地区河湖生态补水量，改善区域水生态环境。江汉平原重要的水系连通工程，有已经实施的引江济汉工程、规划中的引江补汉工程、一江三河水生态治理与修复工程和中国农谷水系连通工程等。

四、加强管理

重建轻管，是长期以来困扰我国水利界的普遍现象，也是江汉平原的农田水利和水资源配置工程的难题，牢固树立建管结合意识，像重视建设一样重视管理。

江汉平原拥有悠久的治水历史，丰富的治水经验，在长期的治水实践中，建设了大量的水利工程，其中有大型的水利水电工程，也有中小水利设施和小农水工程。工程建设受到了各方的广泛关注；管理则相对薄弱，往往是建成之后产权不清，管理粗放或者无人管理，影响工程效益的发挥，更影响到平原区水资源配置的能力和效益。

加强工程管理，对江汉平原的水资源配置同样至为重要。

第五章

/ 水环境保护 /

汉江鸟瞰

　　长期以来，水环境污染问题一直困扰着江汉平原社会经济发展。近年来，经过湖北省有关部门的不懈努力，通过构建可持续利用的水资源保护体系，初步扭转了水环境恶化的趋势，但总体情况仍不容乐观，改善水环境，我们依然任重而道远。

第一节 水环境保护现状

长期以来，水环境污染，即"水脏"的问题一直困扰着江汉平原社会经济发展。经过多年的整治，这里的水环境状况稳中有升，地表水环境质量总体良好。其中，河流水污染状况好转，主要湖泊和有代表性水库的水质、营养状况有所改善，重点水功能区、集中式饮用水水源地达标情况较好。但平原区整体水环境状况仍不乐观，长江、汉江沿江城市存在明显的岸边污染带，部分支流"水华"频发，中小湖泊污染较重，部分饮用水水源地水质没有达标。工业点源、农村面源、湖泊内源污染都比较突出。

一、水环境质量

根据历年监测资料，湖北省水环境的基本状况为：长江、汉江干流总体水质较好，但大多数中小河流和支流水质存在污染；部分城市江段水质较差，岸边污染严重；许多湖泊存在富营养化问题。农村面源和城市点源污染尤其突出。

（一）长江干流

根据《2017 年湖北省环境质量状况》，湖北段长江干流总体水质为优。涉及江汉平原的 12 个监测断面全部为 Ⅱ～Ⅲ 类。其中 Ⅱ 类断面 4 个，Ⅲ 类断面 8 个。与2016 年相比，水质保持稳定。具体状况见表 5-1。

表 5-1 2016—2017 年江汉平原长江干流水质状况

序号	断面所在地	监测断面	2016 年水质类别	2017 年水质类别	2017 年主要污染指标	交界断面	水质变化
7	荆州市	砖瓦厂	Ⅲ	Ⅲ	—	宜昌—荆州市界	
8		观音寺	Ⅲ	Ⅲ	—		
9		柳口	Ⅲ	Ⅲ	—		
10	石首市	调关	Ⅲ	Ⅲ	—		
11	监利县	五岭子	Ⅲ	Ⅲ	—		
12	武汉市	纱帽	Ⅱ	Ⅱ	—	荆州、咸宁—武汉市界	
13		杨泗港	Ⅱ	Ⅱ	—		
14		白浒山	Ⅱ	Ⅲ	—		有所下降
15	鄂州市	燕矶	Ⅱ	Ⅱ	—		
16	黄石市	三峡	Ⅲ	Ⅲ	—	鄂州—黄石市界	
17		风波港	Ⅲ	Ⅲ	—		
18	武穴市	中官铺	Ⅲ	Ⅱ	—	鄂—赣省界	有所好转

资料来源：《2017 年湖北省环境质量状况》；表中序号为截取前的原序号，下同。

（二）汉江干流

2017 年，汉江干流总体水质为优。20 个监测断面水质均为Ⅰ～Ⅱ类，其中涉及江汉平原的 12 个断面，均为Ⅱ类。与 2016 年相比，水质保持稳定。2016—2017 年湖北省汉江干流水质状况见表 5-2。

表 5-2 2016—2017 年湖北省汉江干流水质状况

序号	断面所在地	监测断面	2016 年水质类别	2017 年水质类别	2017 年主要污染指标	交界断面	水质变化
9	钟祥市	转斗	Ⅱ	Ⅱ	—	襄阳—荆门市界	
10		皇庄	Ⅱ	Ⅱ	—		
11	天门市	罗汉闸	Ⅱ	Ⅱ	—	荆门—天门市界	
12	潜江市	高石碑	Ⅱ	Ⅱ	—		
13		泽口	Ⅱ	Ⅱ	—		
14	天门市	岳口	Ⅱ	Ⅱ	—		
15	仙桃市	汉南村	Ⅱ	Ⅱ	—		

序号	断面所在地	监测断面	2016 年水质类别	2017 年水质类别	2017 年主要污染指标	交界断面	水质变化
16	汉川市	石剅	Ⅱ	Ⅱ	—	天门、仙桃—孝感市界	
17		小河	Ⅱ	Ⅱ	—		
18	武汉市	新沟（郭家台）	Ⅱ	Ⅱ	—	孝感—武汉市界	
19		宗关	Ⅱ	Ⅱ	—		
20		龙王庙	Ⅱ	Ⅱ	—	长江河口	

资料来源：《2017 年湖北省环境质量状况》。

（三）长江支流

长江支流总体水质为良好。在 94 个监测断面中，涉及江汉平原的 53 个，其中Ⅱ~Ⅲ类水质断面 41 个，占 77%（Ⅱ类 19 个、Ⅲ类 22 个）；Ⅳ类 8 个，占 15%；Ⅴ类 2 个、劣Ⅴ类 2 个，各占 4%。主要污染指标为化学需氧量、氨氮和总磷。其中，四湖总干渠荆州—潜江段和监利—洪湖段水质污染严重，通顺河、涢水水质较差。

与 2016 年相比，水质明显好转的断面有沮漳河入长江口、通顺河潜江至仙桃段、㵲水入涢水口；水质有所好转的断面集中在沮河远安至当阳段、沮漳河、漳河荆门段、藕池河出境、东荆河荆州及仙桃段、通顺河入长江口、陆水入长江口、金水咸宁至武汉段、涢水西支（漳水）荆门至孝感段、涢水云梦段、涢水入长江口、蕲水、高桥河、大冶湖、富水出境；水质明显变差的断面位于四湖总干渠监利—洪湖段；水质有所下降的断面分布在松滋东河、淦水、倒水黄冈—武汉段、举水黄冈—武汉段、浠水入长江口、长港。2016—2017 年湖北省长江支流水质状况见表 5-3。

表 5-3　　　　　　　　2016—2017 年湖北省长江支流水质状况

序号	水系	断面所在地	监测断面	2016 年水质类别	2017 年水质类别	2017 年主要污染指标	水质变化
23	沮河	当阳市	铁路大桥（小桂林）	Ⅳ	Ⅲ	—	有所好转
24	沮漳河		两河口（草埠湖）	Ⅲ	Ⅱ	—	有所好转
25		荆州市	荆州河口	Ⅳ			明显好转
27	漳河	当阳市	白石港	Ⅱ	Ⅱ	—	
28			育溪大桥	Ⅱ	Ⅱ	—	

序号	水系	断面所在地	监测断面	2016年水质类别	2017年水质类别	2017年主要污染指标	水质变化
29	松滋河	松滋市	德胜闸	Ⅲ	Ⅲ	—	
30			同兴桥	Ⅲ	Ⅲ	—	
31	松滋东河	公安县	杨家垱	Ⅱ	Ⅱ	—	
32			淤泥湖	Ⅱ	Ⅲ	—	有所下降
33	虎渡河		黄山头	Ⅲ	Ⅲ	—	
34	藕池河	石首市	康家岗	Ⅲ	Ⅲ	—	
35			殷家洲	Ⅲ	Ⅱ	—	有所好转
36	四湖总干渠	潜江市	丫角桥	Ⅲ	Ⅲ	—	
37			运粮湖同心队	劣Ⅴ	劣Ⅴ	总磷、氨氮、生化需氧量	
38		荆州市	新河村	Ⅴ	Ⅴ	氨氮、总磷、生化需氧量	
39		洪湖市	瞿家湾	Ⅳ	劣Ⅴ	氟化物、氨氮、生化需氧量	明显变差
40			新滩	Ⅳ	Ⅳ	生化需氧量	
41	东荆河	潜江市	谢湾闸	Ⅱ	Ⅱ	—	
42			潜江大桥	Ⅱ	Ⅱ	—	
43		荆州市	新刘家台	Ⅲ	Ⅲ	—	
44		仙桃市	姚嘴王岭村	Ⅳ	Ⅲ	—	有所好转
45		洪湖市	汉洪大桥	Ⅳ	Ⅲ	—	有所好转
46	通顺河	仙桃市	郑场游潭村	劣Ⅴ	Ⅳ	生化需氧量、挥发酚	明显好转
47		武汉市	港洲村	Ⅴ	Ⅴ	氨氮、生化需氧量、五日生化需氧量	
48			黄陵大桥	Ⅴ	Ⅳ	生化需氧量、氨氮、五日生化需氧量	有所好转
49	陆水	咸宁市	洪下水文站	Ⅱ	Ⅱ	—	
50		赤壁市	陆溪口	Ⅲ	Ⅱ	—	有所好转
51			黄龙渡口	Ⅱ	Ⅱ	—	
52	淦水	咸宁市	西河桥	Ⅲ	Ⅳ	氨氮	有所变差
53	金水	武汉市	新河口	Ⅲ	Ⅱ	—	有所好转
54			金水闸	Ⅲ	Ⅲ	—	
62	涢水	云梦县	隔卜桥	Ⅳ	Ⅲ	—	有所好转
63		孝感市	鲢鱼地泵站	Ⅳ	Ⅳ	生化需氧量	
64		武汉市	太平沙	Ⅳ	Ⅳ	氨氮、生化需氧量	
65			朱家河口	Ⅴ	Ⅳ	石油类、氨氮	有所好转
72	滠水	孝感市	大悟河口	Ⅲ	Ⅲ	—	
73		武汉市	河口（北门港）	Ⅲ	Ⅲ	—	
74			滠口	Ⅲ	Ⅲ	—	

序号	水系	断面所在地	监测断面	2016年水质类别	2017年水质类别	2017年主要污染指标	水质变化
76	倒水	武汉市	冯集	Ⅲ	Ⅳ	生化需氧量	有所变差
77			龙口	Ⅲ	Ⅲ	—	
80	举水		郭玉	Ⅱ	Ⅲ		有所下降
81			沐家泾	Ⅲ	Ⅲ		
83	巴河	浠水县	巴河镇河口	Ⅲ	Ⅲ		
84	浠水		杨树沟	Ⅲ	Ⅲ		
85			兰溪大桥	Ⅱ	Ⅲ		有所下降
86	蕲水	蕲春县	西河驿	Ⅲ	Ⅱ		有所好转
87	高桥河	黄石市	龙潭村	Ⅲ	Ⅱ		有所好转
88		鄂州市	港口桥	Ⅲ	Ⅱ		有所好转
89	长港		樊口	Ⅱ	Ⅲ		有所下降
90	大冶湖	黄石市	大冶湖闸	Ⅲ	Ⅱ		有所好转
92			富水镇	Ⅱ	Ⅱ		
93	富水	阳新县	渡口	Ⅱ	Ⅱ		
94			富池闸	Ⅱ	Ⅱ		

资料来源：《2017年湖北省环境质量状况》。

（四）汉江支流

汉江支流总体水质为良好，但江汉平原的支流水质较差。在10个监测断面中，水质为Ⅱ类的断面3个，Ⅲ类3个，Ⅳ类1个，劣Ⅴ类3个。竹皮河、天门河水质污染严重。

与2016年相比，10个断面中除大富水的田店泵站水质由Ⅲ类转为Ⅱ类外，其余9个断面没有变化，保持稳定。2016—2017年江汉平原汉江支流水质状况见表5-4。

表5-4　　　　　　　　2016—2017年江汉平原汉江支流水质状况

序号	水系	断面所在地	监测断面	2016年水质类别	2017年水质类别	2017年主要污染指标	水质变化
36	竹皮河	荆门市	马良龚家湾	劣Ⅴ	劣Ⅴ	氨氮、总磷、生化需氧量	
37	京山河	京山县	邓李港	Ⅲ	Ⅲ	—	
38		天门市	罗汉寺	Ⅱ	Ⅱ	—	
39	天门河		拖市	劣Ⅴ	劣Ⅴ	氨氮、总磷、生化需氧量	
40			杨林	Ⅲ	Ⅲ		
41		汉川市	新堰	劣Ⅴ	劣Ⅴ	总磷、氨氮、溶解氧	
42	汉北河	孝感市	垌冢桥	Ⅲ	Ⅲ		
43		汉川市	新沟闸	Ⅳ	Ⅳ	生化需氧量	
44	大富水	孝感市	田店泵站	Ⅲ	Ⅱ		有所好转
45		应城市	应城公路桥	Ⅱ	Ⅱ		

资料来源：《2017年湖北省环境质量状况》。

（五）主要湖泊

2017 年，江汉平原主要湖泊总体水质为轻度污染。17 个省控湖泊的 21 个水域（斧头湖、梁子湖、长湖属于跨市级行政区湖泊，按照行政区将其划分为两个水域；大冶湖因历史原因形成内湖与外湖两个水域）中，水质为Ⅱ~Ⅲ类标准的水域占 42.8%（Ⅱ类占 9.5%、Ⅲ类占 33.3%）；水质为Ⅳ类、Ⅴ类标准的水域分别占 38.1%、14.3%；劣Ⅴ类的水域占 4.8%。主要污染指标为总磷、生化需氧量和五日生化需氧量。与 2016 年相比，水质Ⅱ~Ⅲ类标准的水域比例上升 4.8%，劣Ⅴ类标准的水域比例上升 4.8%，湖泊总体水质保持稳定。其中，梁子湖武汉市江夏区水域、黄盖湖水质为优，网湖水质为重度污染。与 2016 年相比，保安湖和长湖荆门市水域水质有所好转，斧头湖武汉市江夏区水域、张渡湖、网湖水质有所变差，其余湖泊水质保持稳定。

在 21 个湖泊水域中，11 个水域营养状态为中营养，9 个水域为轻度富营养，1 个水域为中度富营养。2016—2017 年湖北省主要湖泊水质状况见表 5-5。

表 5-5　　　　　　　　2016—2017 年湖北省主要湖泊水质状况

序号	湖泊名称	湖泊所在地	2016 年水质类别	2017 年水质类别	2017 年主要污染指标	营养状态级别	水质变化
1	汤逊湖	武汉市江夏区	Ⅴ	Ⅴ	总磷、生化需氧量、氨氮	中度富营养	
2	斧头湖	武汉市江夏区水域	Ⅲ	Ⅳ	总磷	轻度富营养	有所变差
3		咸宁市水域	Ⅲ	Ⅲ	—	中营养	
4	后官湖	武汉市蔡甸区	Ⅳ	Ⅳ	总磷、生化需氧量	轻度富营养	
5	张渡湖	武汉市新洲区	Ⅳ	Ⅴ	生化需氧量、总磷、高锰酸盐指数	轻度富营养	有所变差
6	后湖	武汉市黄陂区	Ⅳ	Ⅳ	总磷、生化需氧量	轻度富营养	
7	梁子湖	武汉市江夏区水域	Ⅱ	Ⅱ	—	中营养	
8		鄂州市水域	Ⅲ	Ⅲ	—	中营养	
9	大冶湖	内湖	Ⅳ	Ⅳ	总磷、五日生化需氧量	轻度富营养	
10		外湖	Ⅳ	Ⅳ	总磷	轻度富营养	
11	保安湖	大冶市	Ⅳ	Ⅲ	—	中营养	有所好转
12	洪湖	洪湖市	Ⅳ	Ⅳ	生化需氧量、总磷	中营养	
13	长湖	荆州市水域	Ⅴ	Ⅴ	总磷	轻度富营养	
14		荆门市水域	Ⅳ	Ⅲ	—	中营养	有所好转
15	汈汊湖	汉川市	Ⅲ	Ⅲ	—	中营养	
16	鲁湖	武汉市	Ⅳ	Ⅳ	总磷	轻度富营养	

序号	湖泊名称	湖泊所在地	2016 年水质类别	2017 年水质类别	2017 年主要污染指标	营养状态级别	水质变化
17	西凉湖	赤壁市	Ⅲ	Ⅲ	—	中营养	
18	网湖	黄石市	Ⅴ	劣Ⅴ	总磷	中营养	有所变差
19	龙感湖	黄冈市	Ⅲ	Ⅲ	—	中营养	
20	黄盖湖	赤壁市	Ⅱ	Ⅱ	—	中营养	
21	澴东湖	孝感市	Ⅳ	Ⅳ	总磷	轻度富营养	

资料来源：《2017 年湖北省环境质量状况》。

（六）主要城市内湖

江汉平原主要城市内湖总体水质为中度污染。在 7 个主要城市内湖中，武汉东湖（图 5-1）、黄石磁湖为Ⅳ类，武汉东西湖（图 5-2）、鄂州洋澜湖、黄冈遗爱湖为Ⅴ类，武汉外沙湖（图 5-3）、墨水湖（图 5-4）为劣Ⅴ类；主要污染指标为总磷、化学需氧量和五日生化需氧量。武汉东湖、黄石磁湖为轻度富营养，其余 5 个湖泊为中度富营养。与 2016 年相比，东西湖和遗爱湖水质有所好转，墨水湖水质有所变差，其余湖泊水质保持稳定。2016—2017 年城市内湖水质状况见表 5-6。

表 5-6　　　　　　　　　　2016—2017 年城市内湖水质状况

序号	湖泊名称	湖泊所在地	2016 年水质类别	2017 年水质类别	2017 年主要污染指标	营养状态级别	水质变化
1	东湖	武汉市	Ⅳ	Ⅳ	生化需氧量、总磷	轻度富营养	
2	外沙湖	武汉市	劣Ⅴ	劣Ⅴ	总磷、生化需氧量、高锰酸盐指数	中度富营养	
3	东西湖	武汉市	劣Ⅴ	Ⅴ	总磷、生化需氧量、五日生化需氧量	中度富营养	有所好转
4	墨水湖	武汉市	Ⅴ	劣Ⅴ	总磷、氨氮、生化需氧量	中度富营养	有所变差
5	磁湖	黄石市	Ⅳ	Ⅳ	总磷	轻度富营养	
6	洋澜湖	鄂州市	Ⅴ	Ⅴ	总磷、生化需氧量	中度富营养	
7	遗爱湖	黄冈市	劣Ⅴ	Ⅴ	总磷、五日生化需氧量、氨氮	中度富营养	有所好转

资料来源：《2017 年湖北省环境质量状况》。

图 5-1　东湖

图 5-2　东西湖

图 5-3　沙湖

图 5-4　墨水湖

二、污染源状况

江汉平原的水污染，就类型而言，可分为工业污染、农业污染和生活污染等；就污染状况而言，可分为点源污染、面源污染、内源污染和移动源污染等。

（一）点源污染

点源污染是指有固定排放点的污染源，主要是集中排放的工业废水和城市生活污水，废污水通过管网收集处理后由排污口排入江河湖泊，其中以工业废水排放为主。在江汉平原的许多地区，工厂林立，其中高污染的乡镇企业，如造纸、印染、电镀、化工、建材等少数产业和土法炼磺、炼焦企业占了较大比重。大多废气、废水、废渣未经处理或只做简单处理后便直接排放，不仅污染水体，还对土壤和空气造成了严重影响。近年来，由于大中城市对环境保护较为重视，这些污染严重的企业纷纷转向郊区和小城镇。

据初步统计，湖北省现有主要入河排污口3635处，废污水入河排放量363042万吨/年。其中污水处理厂排污口219处，废污水入河排放量219439万吨/年；工业排污口3416处，废污水入河排放量143603万吨/年。

江汉平原现有主要入河排污口2540处，废污水入河排放量253544万吨/年。其中污水处理厂排污口114处，废污水入河排放量153180万吨/年；工业排污口2426处，废污水入河排放量100364万吨/年。江汉平原废污水入河排放量占全省的69.8%，水污染防治的重点在江汉平原。

点源污染数量多、强度大，不仅严重污染环境，而且其排放物中的重金属和有毒有害物质，还会直接威胁到生态环境安全和人类健康，一直是各级政府着力控制和整治的目标。

（二）面源污染

与工业点源污染在某个地点集中排放不同，以农药、化肥和畜禽粪便为代表的农业面源污染，没有固定时间和固定排放渠道，一般通过地表径流、土壤渗漏进入水体，造成污染。江汉平原是国家重点商品粮、棉、油产区，每年使用的化肥和农药数量巨大，畜禽养殖所带来的粪便数量也十分巨大，因而农业面源污染较为严重。与点源污染相比，面源污染难以计量，难以控制。对面源污染的防治，一直是世界

性的难题。

此外，城乡居民生活垃圾和分散的生活污水排放也属于面源污染，水土流失也是面源污染的重要来源。不过江汉平原因此产生的污染量不大。因此，本书所说的面源污染，通常指农业面源污染。

（三）内源污染

内源污染是指江河湖库水体内部由于长期污染的积累产生的污染再排放。江汉平原的内源污染主要表现在湖泊的水产养殖业。自古以来，江汉平原许多湖泊就承担了水产养殖功能。改革开放后，水产养殖逐步精细化、规模化，养殖密度不断加大、产量不断增加，与之相应的是，因投饵投肥和鱼类粪便产生的污染也不断增加。这些污染物沉积于河湖底部，造成水体污染和富营养化。

近年来的调查发现，江汉平原的主要湖泊普遍呈现出富营养状态，与水产养殖有较大关系。

（四）移动源污染

除点源污染、面源污染和内源污染外，还有移动源污染。江汉平原的移动源污染主要是交通运输过程中所排放的污染和大气雾霾干湿沉降污染。交通运输过程中所排放的污染主要是船舶排放的一定量的污染物（主要是石油类），大气雾霾干湿沉降污染是目前城市水体污染的重要来源之一。此外，还有由血吸虫及本地氟、砷及重金属超标导致的水质性污染等，它们多发生于局部地区，主要由客观原因造成。江汉平原主要的水环境污染，还是以点源污染、面源污染和内源污染为主。

三、水污染防治状况

江汉平原的水污染一度十分严重。近年来，在湖北省委、省政府的领导下，江汉平原大力开展环境友好型社会建设，产业结构进一步优化，新农村建设全面展开，生态建设深入推进，生态环境质量总体保持稳定。

（一）水环境监测网络基本建成

从 20 世纪 70 年代起，湖北省就在江汉平原主要河流、湖泊、水库及重要取水点布设水环境监测网络，经过 40 多年建设，初步形成了相对完善的水环境监测网络，监测效率不断提高，监测项目不断增多，监测手段不断加强，不仅能够实时监测各主要水体的水质情况和水环境污染指标，每年发布的水资源公报和水环境公报还为各级党委、政府制定相关法规、规划，采取水环境保护行动提供基本依据。

（二）水法规体系进一步完善

为了保护水资源，湖北省先后颁布了《湖北省湖泊保护条例》《湖北省水污染防治条例》等法律法规和文件，出台了《关于加强城市污水处理工作的意见》《关于进一步加强水污染防治工作的意见》和《湖北省跨界断面水质考核办法》等指导性文件，使江汉平原的水环境保护法规体系日渐完善。建立了环保与公、检、法打击环境犯罪联动机制，水环境执法力度不断加强。

组织实施了各类污染防治专项规划，完成了湖北汉江生态经济带等重点开发区域环保专项规划的编制。开展了全省生态保护红线划定，对环境质量较差、环境保护不力的 9 个城市进行了区域限批。先后实施《三峡库区及其上游水污染防治规划》《丹江口库区及其上游水污染防治和水土保持规划》等，江汉平原上游区水污染防控网络基本形成。一河一策、一湖一策的水环境保护规划基本制定。

（三）水环境管理力度不断加大

湖北省提出了"建设生态湖北"，"让千湖之省碧水长流"的治理目标，并由此启动水安全保护的地方立法，在实施最严格的水资源管理制度的同时，对湖泊管理提出了"五保、五禁、三责"，即保面积、保生态、保功能、保景观、保可持续利用；禁止填湖、禁止超标排放、禁止违法建筑、禁止投肥养殖、禁止掠夺性开发；实行严格的湖泊保护问责制，各级人民政府行政首长对辖区内的湖泊保护负总责，相关主管部门一把手对湖泊保护负专责，对触犯"红线"的，一律追究一把手和分管领导的责任。

湖北省及平原区各级政府严格按照水污染防治的有关法律法规要求，加强执法监管。目前，省管大中型项目"环评"和"三同时"执行率分别达到 100% 和 95% 以上。在工程项目环境影响评价中，把化学需氧量减排指标作为重要前置条件，对未完成削减任务的地方，暂停审批该地区新增水污染排放的建设项目。同时收回部分高耗水、高污染行业的环评审批权限，暂停部分行业环评审批。

从 2001 年起，组织湖北省环保局与省公安厅、省高检、省高院、省监察厅建立了环保执法协调机制，连续开展"整治违法排污行为，保护群众身体健康"等环保专项执法行动。2007年以来，组织省环保厅、省公安厅、省高院、省高检等建立环保执法协调机制。加大对小炼铁、小炼钢、小酒精、小味精、小印染、小柠檬酸等专项治理。关停相关企业，淘汰落后产能。

（四）污染防控长效机制正在形成

坚持以改革创新为动力，不断探索长效治水之策。

一是探索区域水资源环境保护协调机制。如在梁子湖环境保护区域，整合环保、农业、林业、水利等部门职能，设置了统一监管机构。在漳河水库成立专门管理机构，出台了规范性的文件，开展漳河流域生态环境监察试点。二是出台《湖北省排污费征收使用管理暂行办法》，在全国率先开展了排污费征收改革，建立了一种市场经济条件下的环保新机制。三是将梁子湖、东湖水资源环境保护作为武汉城市圈"两型社会"建设的重点内容，积极探索水环境保护协同机制。

这些年，湖北省各级政府在水资源水环境保护方面做了一些工作，取得了一些成绩，但与人民群众的愿望相比，与建设"两型社会"的目标相比，仍然有很大的差距，全省水资源水环境保护的任务依然十分艰巨。

第二节 问题与成因

一、主要问题

江汉平原的水环境问题，主要表现在：部分地区的水污染状况依然比较严重，企业违法排污现象依然存在，水污染防治执法还存在薄弱环节，水污染防治项目建设有待加强，城市污水处理设施建设进展缓慢，农村面源污染防治难度较大，水环境保护的长效监管机制有待进一步完善。

（一）水污染源尚未有效控制

1. 工业点源污染防治任务艰巨

江汉平原的工业化进程远未结束，工业在三大行业中占比高，其中规模小、效率低的乡镇作坊较多。这些作坊环保设施落后甚至没有环保设施，产生的废水、废气、废渣对环境污染严重。其中重金属、氰化物在污染水体的同时，还对人身造成直接伤害。此外，部分新型工业还会产生大量新型有毒有害物质。即使是大型企业，也存在偷排和非达标排放现象。

2. 农村面源污染依旧凸显

江汉平原农业发达，是全国重要的粮、棉、油生产基地，在生产过程中不可避免地使用农药和化肥。目前，平原区广泛使用的农药有50多种，主要包括有机磷、有机氯、氨基甲酸酯等；主要的化肥有氮、磷、钾等。即使是国家在30多年前明令禁止的六六六、滴滴涕等仍能检测出来。这些物质如果没有被作物充分吸收都会在土壤与水中积累，引起污染。同时，在发展畜牧业时，也会产生大量的畜禽粪便，造成环境污染。

农业污染面广、点多、污染来源复杂，而且难以量化统计，历来是水污染控制的重点和难点。早在2002年，湖北就被列为全国8个农业面源污染的高风险地区之一；2007年，全省农业污染物排放超过城市，畜禽养殖污染超过化肥和农药。2015年，农业源化学需氧量、氨氮、总氮、总磷排放量占据总省污染排放总量的56%，远远超出工业、城市污染排放量。

3. 内源性污染仍难以消除

江汉平原发达的水产养殖业，导致湖泊的内源污染严重，水体富营养化明显。近年来，虽然进行了多次集中执法，控制了重要湖泊和重点水域大面积的网箱养鱼，但市场需求仍在，网箱养鱼和大量投饵的规模化效应具有天然放养无法比拟的成本优势，要彻底扭转内源污染加剧趋势，尚需时日。

4. 城市污水处理能力不足

江汉平原城市众多，城镇化水平高，城市用水量和废污水排放量也随之增加。第三产业的污水排放量也在平稳增加。而城市污水处理能力明显跟不上城市发展速度，污水处理率长期较低，12个地级市平均污水处理率为84.5%（龚晓京，2015），低于全国平均水平。部分中小城市的情况就更差一些。城市工业和生活污水的非达标排放，造成局部江段水污染严重，内湖富营养化严重。

（二）水体质量依然堪忧

江汉平原的水质总体优良，但在部分城区江段存在明显的岸边污染带。在中小河流及湖泊存在着较多的问题，许多水体普遍存在水质超标和富营养化问题。部分湖泊面临着沼泽化、池塘化，甚至整体消失的风险。

1. 河流形势不容乐观

长江、汉江干流水质基本达标，但许多中小河流受到不同程度的污染。20%的长江支流和40%的汉江支流低于Ⅲ类；其中汉江支流10个监测点有3个水质为劣Ⅴ类，超标比重高达30%，远远高于全省均值。四湖流域和天门河劣Ⅴ类监测点占比超过一半。

近些年来，长江、汉江、东荆河均发生过水污染事故，严重影响沿岸人民群众的生产生活。

2. 湖泊水体污染严重

江汉平原湖泊众多，但多为平底浅水湖，体量较小，自净能力和污染消解能力较弱。根据2017年的《湖北省水环境公报》，江汉平原主要湖泊总体水质为轻度污染。17个省控湖泊的21个水域水质优良率（Ⅱ～Ⅲ类）仅占42.9%，水质较差（Ⅳ～Ⅴ类）分别占38.1%、14.3%，劣Ⅴ类的水域占4.7%。21个水域水质有近一半（10个）处于轻度富营养或中度富营养。而中小湖泊的情况更不乐观。据估计，江汉平原有20%～75%的湖泊水质低于Ⅲ类水，劣Ⅴ类湖泊为15%～27%；富营养化的湖泊占23%～46%。城区内湖全部处于富营养状态，绝大部分为劣Ⅴ类。

3. 部分水源区水质不达标

此外，部分中小水库及偏远乡镇水源地、偏远农村取水区，尤其是分散式取水区存在着水质不达标问题，影响群众饮水安全。

（三）水质性缺水依然存在

近年来，由于水污染导致的水质性缺水持续出现，且与资源性缺水、工程性缺水相互影响，比较突出的有近年来频繁出现的汉江"水华"，就多次影响水质。江汉平原的部分地区还面临着血吸虫，以及氟、砷、重金属超标所带来的水质性缺水问题，同样亟待解决。

（四）水环境管理待加强

1. 监测网站有空白

经过多年建设，江汉平原的水质监测网基本建成，对重点河流、重点湖泊、水库的水质监测实现了常态化，但监测站网仍不完善，主要体现在部分中小河流的监测点数量少、设备陈旧、监测项目有限，实时传输能力较弱。部分地区没有自己的水质监测机构，缺乏专门的管理机构和人员，较为偏远的中小湖泊几乎成为信息孤岛，应对突发水污染事件的应急响应和应急监测能力建设滞后、信息化水平不高，水质监测站点建设亟待加强。

2. 水环境管理较薄弱

水污染防治涉及水利、水保、农业、发改等多个部门，但各部门工作要求和标准不同，在分工与协调上存在矛盾、冲突，相互之间信息渠道不畅通，跨部门、跨区域协调机制没有完全建立，水环境管理存在执法力度不够、部门分工协调不到位、入河污染物总量控制未落实到具体渠道，水环境改善手段缺乏等。

二、成因分析

江汉平原水污染加剧的原因，不在于没有治理，而在于治理力度没有超过污染发展速度；也不在于水资源不丰富，而在于许多河湖相对封闭，没有让水有效地流动起来。"流水不腐，户枢不蠹"，只要持续加大治理力度，让水流动起来，许多水污染问题就会有所减轻。

除此之外，江汉平原的水污染加剧还有以下原因：

（一）认识上有偏差

2018 年 4 月，习近平总书记在深入推进长江经济带发展座谈会上指出，一些同志在抓生态环境保护上主动性不足、创造性不够，思想上的结还没有真正解开。这反映出思想认识既是长江大保护着重强调的首要问题，也是影响河湖健康的第一动因。

江汉平原水污染严重，首先与人们长期忽略环保的思想认识有关系。少数政府官员由于重视眼前的政绩，忽视水污染与水环境，甚至在经济效益与环境保护出现矛盾时，过多关注经济效益，导致水污染问题不断出现，水生态环境受到严重影响。

（二）发展上有瓶颈

当前，江汉平原正值经济转型期，一方面，工业化、城市化的进程和人民生活水平的提高，对水资源的数量和质量都提出了更高要求；另一方面，以化工、钢铁、冶金为代表的高耗能、高污染的行业和遍及广大农村、乡镇的小作坊式的工矿企业难以在短时间内实现根本改变，由此导致水环境粗放利用，造成水污染问题层出不穷。此外，在农业经济上，伴随着种植业和养殖业的发展，对水资源的要求进一步增加，由此也加剧了水资源缺乏和水环境恶化。生产方式的转型是一个长期、动态的过程，这也决定了江汉平原的水污染防治的长期性和艰巨性。

（三）机制上有欠缺

水污染防治涉及方方面面，需要社会各方共同参与。但直到今天，江汉平原的许多地区的水污染防治依然是政府主导，企业、社会、民众参与度不高，而在政府内部，与水污染防治相关的有水利、水保、农业、发改等多个部门，但防控机制不尽合理，普遍存在职能交叉、力量分散、多头管理的情况。如管水量的不管水质，管水源的不管供水，管供水的不管排水，管排水的不管治污，导致多龙管水、政出多门，难以形成合力。

2016 年在全国范围实施的河（湖）长制，在一定程度上打破了多龙管水的困局，初步实现了有人管、管得住的转变，如武汉市青山区武青堤江段经过整改后恢复了岸线（图 5-5），水环境问题极大改善。但直到今天，全面推行河（湖）长制还存在一些薄弱环节，根治水污染顽疾还任重道远。

（四）防控上有难点

水污染最有效的防控，莫过于从源头抓起。但江汉平原的污染，主要是工业点源污染和农村面源污染。其中，农业面源污染，不仅点多、线长、面广，而且分散、隐蔽，还具有很大的随机性，无论是种植业或养殖业，都可能在短期内形成规模。其污染量难以监测、量化，而且难以对污染者施以合适的处罚。因此，治理农村面源污染至今仍是世界性的难题。此外，对于工业点源污染，也存在着污染成本低、治污成本高，违法者受益、守法者吃亏，从而出现水污染治理叫好不叫座的现象。破除这个难题，也需要各方长期、持续的努力。武汉规模最大的北湖污水处理厂（图 5-6）等一系列治污设施的建设，有助于缓解这个难题。

图 5-5　恢复岸线的武汉市青山区武青堤江段

图 5-6　建设中的武汉北湖污水处理厂

（五）技术上有不足

限于社会经济发展和人们认知水平，江汉平原的水利存在重建轻管现象，对水污染防治的技术保障有明显不足。

一是对水体的污染标准认识不足，许多河湖健康的评价标准仍以水质为主，而水质的标准受水量及上下游水体影响较大，存在不确定性，不能准确反映河湖的污染状况，亟须确立以污染物总量为主体的健康河湖评价体系。二是水环境监测体系尚未建成，许多中小河流、湖泊的水质监测体系仍为空白，一些水源地及中小水库布设的监测点监测频率低，部分监测点的监测指标、监测项目与监测频次尚不满足要求；信息化管理水平落后，不利于为各级政府与部门提供及时有效的信息服务。三是河湖规划统筹不够，约束不足。尚未完成实现一河一策、一湖一策和多规合一。水污染防治的刚性约束明显不足。

（六）布局上有短板

除以上几点原因外，值得一提的是：湖北省的产业布局，加剧了水环境保护的困难（张晓京，长江经济带湖北段水生态建设的问题、成因与对策）。

江汉平原现有的产业结构与布局，主要依托其丰富的水资源，形成了需水、耗水、污水企业沿江发展的模式。

1. 需水、污水型农业沿江布局

湖北省是农业大省，江汉平原是农业主产区。农业的高速发展带来水资源过度消耗、农村水生态环境持续恶化等问题。例如，在农业生产中过量施用化肥、农药，在畜禽养殖、水产养殖中随意排放废弃物等，使得农业面源污染问题突出。

2. 耗水、污水型工业主要沿江展开

江汉平原的大型钢厂、火力发电厂、化肥厂、化纤厂、水泥厂及大批中、小企业均布设于长江两岸，形成了"钢铁走廊""化工走廊"。这些产业耗水量大、污染性强，极易造成工业点源污染。

3. 粗放式第三产业依水而生

江汉平原充分利用长江水运、水文化、水景观等优势，大力发展运输、旅游等第三产业。虽然创造了较大经济效益，但是第三产业整体发展尚处于一种散而不精的状态，水资源开发利用方式简单、粗放，存在着低水平过度开发、品位不高、污染严重等问题。

第三节 理念与思路

江汉平原有个流传很广的谚语，形象地描述了水环境的变化："50 年代淘米洗菜，60 年代农田灌溉，70 年代水质变坏，80 年代鱼虾绝代。"而 20 世纪的这些年中，水质变坏的原因在于污染物排放增加，污染在水里，但根子在岸上。江汉平原是全国淡水资源最密集的区域，在长江流域具有举足轻重的地位，必须抓住长江经济带建设的重大机遇，贯彻绿色发展理念，坚持区域统筹，创新水污染治理模式，改革水环境管理体制，促进人与自然和谐共生，实现江汉平原经济发展、环境保护和民生改善的有机统一，达到江汉平原绿色发展和可持续发展的目的。

一、贯彻绿色发展理念，加大水环境保护力度

绿色发展，关键在于解决好人与自然和谐共生问题，党的十九大报告指出，必须树立和践行绿水青山就是金山银山的理念。解决水环境问题，其本质就是一个如何处理好人与自然、人与人、经济发展与环境保护的关系问题。正确处理好生态环境保护和发展的关系，是实现可持续发展的内在要求，也是推进现代化建设的重大原则。在经济快速发展的江汉平原，贯彻绿色发展理念，加大水环境保护力度尤为重要。

（一）必须协调好水环境保护与经济发展的关系

江汉平原拥有丰富的水资源，是全国重要的粮、棉、油基地。沿江地区重工业和第三产业的发展为我国社会主义现代化建设和湖北省的发展做出了巨大贡献，由此也带来了一定的水环境污染问题。人们在追求利益的同时一定要摆正发展与保护的关系，既不能片面强调保护而排斥发展，也不能为了发展而破坏环境。在江汉平原的水环境保护中，应贯彻落实生态优先、绿色发展理念，共抓大保护、不搞大开发，通过良好生态环境创造综合效益，从而把绿水青山变成金山银山，实现经济社会可持续发展。

（二）加强公众水环境保护意识

2018 年 4 月，习近平总书记在深入推进长江经济带发展座谈会上指出，一些同志在抓生态环境保护上主动性不足、创造性不够，思想上的结还没有真正解开。当前江汉平原的水环境管理忽视了对企业和公众参与水污染治理的政策指导和导向作用，不利于民众树立深刻的水环境保护意识。应加强群众参与意识，加大节水防污宣传力度，呼吁广大市民爱护水环境、保护水环境，参与到保护水环境的工作中来，树立保护水环境就是保护家园的意识，营造亲水、惜水、节水、护水的良好氛围，使爱护水、节约水成为全社会的良好风尚和自觉行动。

（三）加大水环境保护力度

严格排污总量控制，降低水体污染。按照国家产业政策和区内经济社会发展实际需要，按照循环经济理念合理优化产业布局，鼓励企业实行清洁生产，淘汰落后生产工艺及设备。加强排污口监管，严格执行污染物排放标准。加快城镇污水处理设施建设，严禁污水直排。加强生活垃圾无害化处理设施建设力度，防止垃圾污染水体。实施精细化农业，大力推广农田最佳养分管理，减少化肥施用量。转变渔业养殖方式，实施生态渔业工程。

二、坚持区域统筹，实现水环境系统治理

党的十八届三中全会强调山水林田湖草是一个生命共同体，治水要统筹自然生态的各要素，不能就水论水。江汉平原生态环境问题具有复杂性和复合性，要坚持一盘棋思想，遵从山水林田湖共生性的自然特征，按照生态系统的整体性、系统性和内在规律，实现水资源、水环境和水生态协同治理，统筹水陆、城乡、江湖、河湖，统筹流域上下游、左右岸以及流域内外的用水需求，运用空间管控、结构优化、达标排放、生态保护等手段，预防和保护同步，工程与管理并重，政府与市场同时发力，政策与措施协同协调，形成工作合力和联动效应。

坚持"点线面"统筹，推进水污染系统治理。"点"是指严格实行截污控污，对点源污染实行综合治理。强化水污染物综合治理，落实工业企业主体责任，全面推进重点企业环境保护标准化达标建设，实施清洁化改造，督促企业完善水污染防治配套设施，逐步实现重点工业企业污水处理设施全覆盖。"线"是指以长江和汉江为重点，

加强河湖污染治理。近年来，尽管采取了大量水污染防治措施，但是江汉平原水污染形势依然严峻，严重的水污染已经使相当多的区域出现水质性缺水，应以长江和汉江为重点，加强江汉平原河湖污染治理力度。"面"是指持续推进面源污染治理。推动城乡联动，实施科学的清淤疏浚方案，控制面源污染，改善城市水体来水水质，助力黑臭水体治理。在农村地区，加强畜禽养殖环境管理，加快畜禽养殖废弃物资源化利用，大型畜禽养殖场应当持有排污许可证，严格按证排污。城镇污水管网要向周边村庄延伸覆盖，防止垃圾直接入河或在水体边随意堆放。

坚持多目标统筹，在保障防洪、供水安全的同时充分考虑水生态、水环境治理需要，加大以流域或区域为单元的河湖系统整治，强化治理的系统性，加快实施水生态保护修复。协调推进流域内防洪排涝安全、水资源保障、水污染防治、水生态保护、湿地保护、水土保持、水经济等工作，突出抓好流域生态综合治理，让河流恢复生命、流域充满生机。

三、创新水污染治理模式，全面改善水环境质量

水环境保护是生态文明建设的重要组成部分，在当前严峻的水污染情势下，江汉平原水环境治理任重道远。面对水资源和水环境的剧烈挑战，传统单一的水治理方案已难以满足水环境保护的需求，必须主动出击，积极探索，创新水治理模式，实现江汉平原经济社会可持续发展。

（一）加强农业面源污染治理

江汉平原是我国重要的粮、棉、油生产基地，农业污染面广、点多且污染来源复杂，是水污染的最主要来源。农业面源污染是江汉平原水环境保护的重点和难点，涉及水源地保护、生活污水处理、垃圾处置、种植业及畜禽养殖污染整治等方面。农业面源污染治理可引入先进的农业生态工程技术，将生态工程建设与治污工程并举，从根本上减少化肥、农药的投入，从而减少污染物的排放，达到治理与控制面源污染的目的。加强人工湿地建设，增强污水水力停留时间，利用水生植物去除氮、磷能力强的特点，达到水质净化的目的。同时加强农村环境综合整治，实施农村清洁工程，垃圾、污水统一收集、集中处理，扎实推进美丽乡村建设。

（二）加大黑臭水体整治力度

江汉平原是长江经济带和汉江生态经济带的重要区域，部分地区出现黑臭水体，极大损害了城市人居环境，也严重影响城市形象。城市黑臭水体治理应多管齐下，在流域内形成"源—迁移—汇"处理链模式，实现源头控制、水体治理和资源利用。采用雨污分流、截污纳管和净化初期雨水等技术手段，从源头上减少污染物进入受纳水体。通过物理法、化学法、微生物法、水生态修复法等方法，实现水体污染有效治理。加强生态岸线恢复、控污型岸边带系统、活水造流等工程建设。按照"一河（湖）一策"要求，结合区域特点，建立长效管理机制，提升居民亲水、爱水、保护水环境的理念，强化黑臭水体治理力度。

（三）实施河湖水系连通，增强水体流动性

江汉平原河湖众多、水系发达，历史上大多数河湖相互连通，河上行船既可以抵达长江、汉江，也可以通过发达的水网到达平原区的许多地方。20世纪五六十年代大兴水利，江汉平原上涵闸、泵站的兴建，提高了防洪、抗旱能力，但同时截断了自然河流之间的水力联系，导致活水变死水，引发水环境和水生态问题。实施河湖水系连通工程，可有效增强水体流动，促进水循环，提高河湖自净能力。同时，河流水体通过长距离输送及水力机械运动，可加快水体交换速度，丰富水资源潜在的环境容量，提高对污染物的吸收、分解和水源涵养能力，提升水体自净能力，有效遏制河湖富营养状态恶化趋势。

四、改革水环境管理体制，构建水环境保护新机制

水环境保护是一项艰巨而复杂的系统工程，必须要有严格的水环境管理制度作为保障。根据江汉平原水资源保护和管理的实践需求，围绕水功能区监督和管理、生态需水等方面的技术标准，建立和完善江汉平原水环境保护机制。

（一）建立流域尺度和行政尺度相协调的管理体系

江汉平原还没有真正发挥流域尺度和行政尺度相结合的统一管理和协调作用，使水资源开发利用和保护出现诸多问题。流域水环境综合治理在具体实施中要根据水域功能区划和确定的水质保护目标，结合水环境改善的要求和经济社会发展水平，提出

适宜的水污染控制指标。依据区域实情和流域特点，既要健全流域统一管理的机制，又要协调好流域管理与行政区域管理的关系、各管理部门和用水户的关系，不断完善流域水资源的管理体制和水市场体系，从全流域层面上解决水资源开发利用和水环境保护中存在的主要问题。

（二）完善水功能区水质达标评价体系

水功能区管理是水行政主管部门的重要职责。江汉平原除长江、汉江干流水功能区水质达标率较高以外，其他河流、湖泊水功能区达标率较低，部分水体已丧失使用功能。为切实保障用水安全，需要重点监管生活用水和景观用水，恢复和改善水体使用功能，实行生活用水保护红线和景观用水底线的"双线"考核。积极探索建立水功能区影响评价制度，完善水功能区水质评价和通报制度，做好水功能区限制纳污红线考核有关工作。

（三）全面推行河（湖）长制

全面推行河（湖）长制是以习近平同志为核心的党中央从人与自然和谐共生、加快推进生态文明建设的战略高度做出的重大决策部署，是破解我国新老水问题、保障国家水安全的重大制度创新。江汉平原河湖数量众多，应全面实行一河一策、一湖一策，解决好河湖管理保护的突出问题，强化重点，补齐短板。在把中央提出的六大基本任务具体化的基础上，针对江汉平原河湖管理上的薄弱环节，增加统筹规划、河湖分级和落实河湖管护主体和责任，加强河（湖）长制的考核体系。

第六章

/ 水生态修复 /

江汉平原上的新农村

江汉平原水系发达、河湖众多，水生态环境类型多样，生物资源丰富，自古以来就是我国重要的生态湿地。近年来，随着社会经济的快速发展，江汉平原生态环境不断恶化，湿地面积减小，生态功能衰退，生物多样性降低。加强江汉平原的水生态系统保护与修复将是今后一个时期的重要工作，也是水安全保障的重要措施之一。

第一节 历史与现状

一、江汉平原水生态演变

自古以来，江汉平原气候温和、降水丰沛、河湖众多，水生态环境十分优越。直到西晋时期，江汉平原仍然是生态环境较好的水乡泽国，这点从诸多文献中便可感知。

东晋以后，江汉平原水生态受到破坏。一方面，长江和汉江的泥沙淤积加剧，逐渐填平了浩瀚的云梦泽，使其解体为星罗棋布的江汉湖群；另一方面，西晋末年、唐末五代、南宋、元末、明末的大规模战争导致北方流民大量南下，加剧了这里的人地矛盾。公元 345 年，东晋兴修荆江大堤，揭开了大规模围湖造地的序幕，越来越多的湖滩被开垦成农田，水生生物消失、灭绝。到了南宋时期，云梦泽彻底解体。到明清之际，江汉平原圩田纵横、垸堤林立，往日田园牧歌般的湿地生态风光不再。

新中国成立后，随着人口增长和社会经济活动的加剧，江汉平原的湿地生态环境持续恶化。其突出表现是湖泊数量减少、面积萎缩、水质变差。此外，区域内河流生态环境和生物多样性受到影响，许多优势物种分布区缩小，部分珍稀物种濒危甚至灭绝。

进入 21 世纪后，为了恢复被破坏的水生态环境，党中央、国务院提出了生态安全的理念，将水生态文明建设作为全国文明创建的重要内容。水利部启动了水生态文明城市建设的试点工作。湖北省审时度势，在"武汉城市圈"入选全国两型社会建设综合配套改革试验区的同时，做出建设"鄂西生态文化旅游圈"和"汉江生态经济带"

的重大决策。江汉平原地处"两圈两带"核心区，各级党委、政府按照尊重自然、人水和谐的理念，在防污控污的基础上，对水生态系统进行了修复整治，力图重建健康的河湖生态系统，重现江汉平原河湖相通、河畅水清的健康水生态环境。

梁子湖湿地自然保护区示意图，见图6-1。

二、水生态现状

（一）湿地

江汉平原的湿地大致分为河流湿地、湖泊湿地和人工湿地三大类。其中，河流是江汉平原的动脉，河流生态系统处于一种动态的、开放的、连续的状态，是平原区水生态最重要、最活跃的载体。洪湖、长湖、梁子湖等至今仍是我国重要的湿地公园和湿地湖泊。更多的地区则分布着由河流湖泊→沼泽→沼泽型水稻土→潜育型水稻土组成的湿地系统。

（二）水生生物

江汉平原水域广阔，水热资源丰富，营养物质多，营养盐类含量高，底泥厚，有利于水生生物生长，因而水生生物资源十分丰富。

在江汉平原占优势地位的水生植物是水生维管束植物（包括挺水植物、浮叶植物、沉水植物）和漂浮植物。此外，湿生植物也有一定比重。这五类植物是水体生态系统的初级生产者，在调节水生态系统物质循环、净化水体以及为水生动物提供食物和栖息地等方面具有重要作用。与水生植物相比，江汉平原的湿地动物更为丰富多样，包括鱼类、两栖类、爬行类、兽类、鸟类、甲壳类等。

（三）典型生态系统

河流和湖泊是江汉平原生态系统的重要组成部分，对维持江汉平原生态平衡和生态安全有着重要作用。

2014年7—9月，湖北省水利厅对咸宁、黄石、黄冈、荆州、孝感等市的18个重点湖泊进行实地考察，并对湖北省五大湖泊［洪湖（图6-2）、梁子湖（图6-3）、长湖（图6-4）、斧头湖（图6-5）和汈汊湖］的生态状况进行了重点调查（表6-1）。根据调查结果，五大湖泊的生态环境尚好，水生植物和水生动物的品种和数量比较

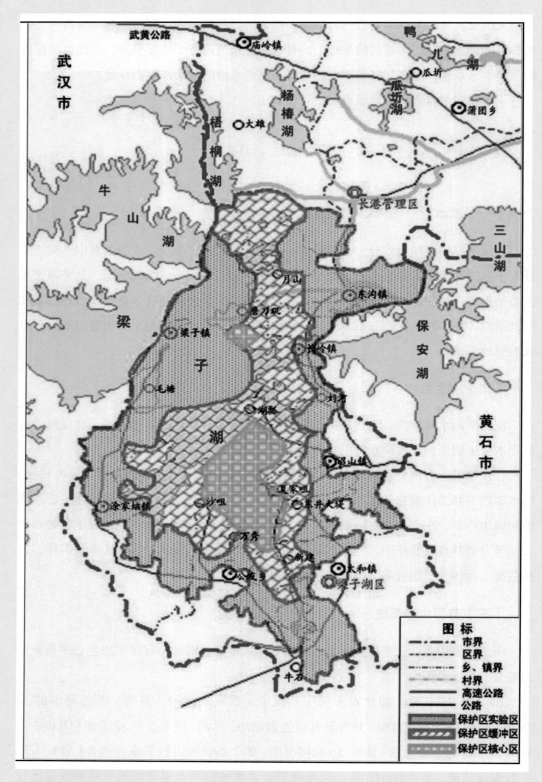

图 6-1　梁子湖湿地自然保护区示意图

丰富，但从 20 世纪 70 年代以来，受水产养殖的影响，湖泊生物多样性有恶化趋势，这给湖北省的湖泊和湿地保护敲响了警钟。

表 6-1 　　　　　　　　　湖北省五大湖泊生态状况

名称	地理位置	水面面积（平方千米）	现状水质	水生态描述
洪湖	洪湖、监利	308	Ⅲ类	盛产水稻、玉米、高粱、莲藕、野鸡、野鸭、淡水鱼、甲鱼、大闸蟹、乌龟、龙虾、黄鳝等。随着湖面养殖面积扩大，水体污染逐渐加重，水生植物群落退化。水草覆盖率不足 70%；野生动植物，尤其是水禽和鱼类种类及种群数量减少。20 世纪 70 年代以来，调查到水禽记录为 112 种及 5 亚种（其中冬候鸟 61 种），鱼类为 81 种，江湖阻隔后，鱼类下降到 57 种，且小型化趋势明显
梁子湖	武汉、鄂州、黄石、咸宁	271	Ⅳ类	梁子湖区有多样的生物资源，浮游植物 27 科 40 属，高等植物 84 科，鸟类 137 种，其中国家一级保护鸟类 5 种，二级保护鸟类 15 种，省级保护鸟类 86 种
长湖	荆门、潜江、荆州	131	Ⅳ类	浮游生物生长旺盛，鱼类品种约 20 种，鲭、鲢、皖、鳡等较常见
斧头湖	咸宁	126	Ⅴ类	盛产青鱼、鲤鱼、草鱼、鲫鱼、鳊鱼、鳜鱼、乌鱼、弯刀鱼、红尾鱼、黄鳝、龟、鳖、蟹、虾等
汈汊湖	孝感	48.7	Ⅴ类	汈汊湖生物资源丰富，共有植物 60 科，138 属，161 种；两栖动物 3 科 5 种，爬行动物 7 科 13 种，鸟类 41 科 142 种，兽类 7 科 10 种。在动物资源中，有 21 种国家重点保护动物，其中有白鹤和东方白鹳 2 种国家一级保护动物，虎纹蛙、白琵鹭、小天鹅、黑鸢、赤腹鹰、红隼等 19 种国家二级保护动物，列入 IUCN 红色名录共 4 种：白鹤、青头潜鸭、黄胸鹀、鸿雁

注：表中水质类别出自《2017 年湖北省水资源公报》。

与此同时，随着经济社会的发展，各种自然因素和人为因素导致江汉平原的河流生态系统退化严重。汉江下游干流因来水减少，河道生态需水不足，水华频发；区内通顺河、荆南"四河"等骨干河道生态环境用水保障程度不高，部分河流甚至出现断流现象，河道水环境承载能力整体不足，水质恶化，水体富营养化严重，藻类大量繁殖，生物多样性显著减少，河流水生态系统受损严重。

图 6-2 洪湖

图 6-3 梁子湖

图6-4 长湖

图6-5 斧头湖

三、水生态修复工作

进入新时期以来，在湖北省委、省政府的正确领导下，江汉平原各级政府开展了艰巨而持久的水生态保护与修复工作，主要包括以下三个方面。

（一）法规引领作用持续强化

颁布了《湖北省湖泊保护条例》，对水生生物的保护做出明确规定；开展了"湖北省湖泊资源环境调查与保护利用研究"项目，公布了全省755个湖泊的保护名录；编制完成《湖北省湖泊保护总体规划》和主要大湖的《湖泊水利综合治理规划》。武汉、咸宁、黄石、黄冈、孝感、荆州等地也相继编制了本地区的湖泊保护规划，其规划内容主要包括：界定保护范围、推进生态修复、实施生态移民、强化湖泊监管等。此外，湖北省还出台了《丹江口水库生态保护实施方案》《关于加快良好湖泊生态环境保护项目预算执行及实施进度的通知》等文件，这些文件的出台和实施对于流域水生态保护与修复具有重要的推动作用。

（二）水生态保护不断升级

江汉平原水域众多，生物资源多样，为充分保护区域内的生态资源，国家、省、市各级有关部门在区域内划定了一批重要的生态保护区，实施严格的生态保护措施，加强水产种质资源保护区保护与建设。目前，江汉平原区建成国家级长江新螺段白鱀豚自然保护区（图6-6）、石首麋鹿国家级自然保护区（图6-7）、湖北洪湖湿地自然保护区（图6-8）、沉湖湿地公园（图6-9）。建设了汉江潜江段"四大家鱼"国家级水产种质资源保护区、汉江钟祥段鳡鳊鯮鱼国家级水产种质资源保护区、钱河鲶国家级水产种质资源保护区等种质资源保护区，并按照《水产种质资源保护区管理暂行办法》划定了核心区、实验区，明确了主要保护对象及其特别保护期，加强了水产种质资源保护与管理，对区域水生生物资源及其生境维护起到积极作用。全面保护与修复湿地，建设了汉川汈汊湖国家湿地公园、仙桃沙湖国家湿地公园、蔡甸后官湖国家湿地公园等，按照《国家湿地公园管理办法（试行）》划定了规划红线，严格保护湿地面积，划分了湿地保育区、恢复重建区、宣教展示区、合理利用区和管理服务区，分区实施湿地的管理和建设，以维护湿地生态功能和生物多样性。同时，区域内还建设了一些市县级自然保护区。生态保护区的建设对江汉平原的水生态系

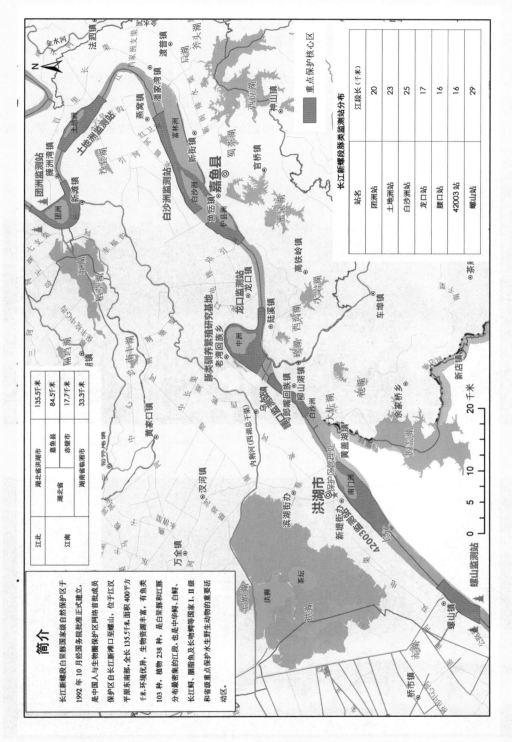

简介

长江新螺段白鱀豚国家级自然保护区于1992年10月经国务院批准正式建立，是中国人与生物圈保护区网络首批成员保护区。自长江新滩口至螺山，位于江汉平原东南部，全长135.5千米，面积400万平方千米，环境优异，生物资源丰富，有鱼类103种，植物238种，是白鱀豚和江豚分布最密集的江段，也是中华鲟、白鲟、长江鲟、鳤脂鱼及长吻鮠等国家Ⅰ、Ⅱ级和省级重点保护水生野生动物的重要活动区。

江北	湖北省洪湖市	135.5千米
江南	湖北省	嘉鱼县	84.5千米
		赤壁市	17.7千米
	湖南省临湘市	33.3千米

重点保护核心区

长江新螺段豚类监测站分布

站名	江段长（千米）
团洲站	20
土地洲站	23
白沙洲站	25
龙口站	17
腰口站	16
42003站	16
螺山站	29

图6-6 国家级长江新螺段白鱀豚自然保护区

统保护起到了重要作用。

（三）管理机制与能力建设不断加强

逐步成立湖泊管理机构，一些地方组建起湖泊管理局、湖泊保护协会；完善现有管理机制，全面深化推进河（湖）长制工作，开展联动执法，创新融资机制，落实湖泊保护综合管理责任和考核制度，构建公众参与机制，严格制度执行，初步构

图 6-7　石首麋鹿国家级自然保护区

图 6-8　湖北洪湖湿地自然保护区

图6-9　沉湖湿地公园

建起适应江汉平原地区水生态保护的制度体系。同时，以重要生态保护区为重点，加强对区域内生态环境及资源的监测，逐步完善区域水生态监测体系，水生态监管能力有所提升。

第二节　问题与成因

一、主要问题

江汉平原河网纵横，湖泊星罗棋布，是野生水生生物生存的重要场所。但江湖阻隔、滩地围垦、工程运行等人类活动对江汉平原水生态环境造成严重破坏，主要体现在以下三个方面。

（一）河湖萎缩，水生态空间挤占严重

江汉平原湿地众多，但在很长一段时间内，因人为原因导致的湿地衰退十分明显。从河流来看，长期以来，河道及堤防工程屡遭破坏，乱采、乱占、乱堆、乱建（以下简称"四乱"）问题十分突出，存在非法采砂、无证码头以及"四乱"现象，改变了河道情况，不仅影响水生态系统，还对防洪安全造成了不利影响。从湖泊来看，在数量、面积、容积上都呈减少态势。例如，四湖流域原有的"四湖"（洪湖、长湖、三湖、白鹭湖）仅存两个；汉北河流域的主要湖泊汈汊湖，因围垦已经被东西南北四条干渠包围，面积由 20 世纪 50 年代的 293 平方千米减少为不到 50 平方千米；天门、汉川两地交界处的沉湖原水面面积为 190 平方千米，现已基本被围垦。

20 世纪 90 年代以来，随着退田还湖政策的落实，各地方政府也开始重视对湖泊的保护，江汉平原湖泊萎缩的态势得到遏制。《湖北省湖泊保护条例》出台和河（湖）长制实施后，河湖空间管控得到加强，但沿湖无序开发、侵占湖泊现象仍时有发生，湖泊数量、面积、容积总体萎缩态势还未完全扭转。

（二）水系割裂，水体净化能力受限

除了人类对水生态系统造成的直接破坏（如乱砍滥伐水生植物，过量捕捞鱼虾及其他水生动物，猎杀野生兽类、鸟类等）外，修堤建闸、围湖造田与城市建设等活动也导致河湖通道被破坏，江河湖泊连通受阻，水体循环不畅，水生态环境承载能力下降，大大削弱了河湖水体的自净能力、污染消解能力和生态修复能力。尤其是南水北调中线丹江口水库大坝加高蓄水后，汉江干流下泄水量减少，部分江段出现了短时间、局部性缺水现象，加上沿岸截污控污不到位，河道富营养化加剧，水华现象频发。1992 年春季，汉江干流首次出现大规模水华，对沿江水体生态环境造成较大影响。近些年，汉江水华每年都有不同程度的发生，并且存在由 1 年 1 次逐步演变为 1 年多次的趋势，水华影响范围也在逐渐扩大。特别是 2018 年 2 月的汉江水华，影响江段从武汉、仙桃段甚至蔓延到兴隆库区和钟祥河段。这次水华暴发后，丹江口水库增加了下泄流量，仙桃站流量保持在 800 立方米每秒以上，甚至最大达到了 1230 立方米每秒，虽然对水华存在一定的缓解作用，但由于气温与溶解氧条件有利于藻类繁殖，水华一直持续到 3 月 18 日，历时 30 余天，成为汉江有记载以来历时最长的一次水华。

另外，江汉平原河流水系上闸坝多，阻断了河流水系上纵向水力联系，同时缺乏

对生态基流的水利安排，纯垸区河道常出现断流，尤以通顺河流域为甚。

（三）水生生境破坏严重，生态功能萎缩，生物多样性下降

江汉平原区人类活动较为频繁，造成了水生生境的阻隔和片断化，加上水位、流速和流量等水文条件的变化，使得适宜水生生物的环境减少，影响水生动植物生存和繁衍，生物数量减少、种类贫乏、结构简化，许多生物多样性下降。特别是汉江中下游地区，耕作、取水、放牧、建筑、水利设施建设、污染排放等对湿地生境破坏比较严重，造成湿地植被退化或消失，湿地生物资源大幅减少，湿地生态功能减弱。同时，汉江中下游江段流量降低导致的局部水体污染加剧问题，也对湿地带来了一定程度的破坏，造成水生动植物死亡、湿地植物多样性降低、水体富营养化等严重后果，湿地生态功能进一步减弱。

二、成因分析

江汉平原水生态系统出现的种种问题，原因是多方面的，既是人类活动的影响，也有自然演变的效应，其中人为因素起着主导作用。

（一）自然因素

造成江汉平原水生态问题的主要自然因素包括地形地貌、水文条件和气候条件等。首先，江汉平原地势低洼，许多地方内湖和湿地低于外江，导致水体接纳有余而排放不足，易受外界污染物的干扰与影响。尤其是面积较小、水体较浅的湖泊，自净能力和生态调节能力差，受到的干扰与影响更加严重。其次，江汉平原降水时空分布不均，地表径流不稳定，河流泥沙容易淤积，影响水生态环境。再次，近几十年来，受极端气候影响，江汉平原灾害频繁，水域面积、水深、水量等变化剧烈，水生生物赖以栖息的生境改变，水生生物的繁衍与增殖遭遇困难，生物多样性下降。

（二）人为因素

1. 生态环保意识不强

人是生态系统中最活跃的因素。随着科技的进步、生产力的发展、社会需求的增加，人类对生态系统的干预能力越来越强，但对生态系统保护的认识却不够。有些地方仍然受先污染后治理、先破坏后修复的旧观念影响，以牺牲环境为代价换取

经济的增长，重 GDP 轻环保，重经济增长轻污染防治，造成了严重的环境污染和生态破坏。

2. 不尽合理的工程建设

新中国成立后，国家高度重视水利建设，在江汉平原兴建了一系列水利工程，为提高区域经济发展和百姓生活质量起到了作用。但部分工程因在设计、运行中对环境影响考虑不足，对生态环境造成了一定影响。近年来，三峡工程和南水北调中线工程的运行，对江汉平原的水生态环境造成了新的影响，这样的影响有利有弊，许多更深层的影响尚未完全呈现，需要长期观测并深入研究。

3. 污染物排放增加

江汉平原社会经济近年来发展较快，工业和城镇生活污水排放量大量增加，而污水处理厂、污水收集管网、垃圾填埋场等基础设施建设滞后，污水处理能力不足。同时，江汉平原是全国重要的粮、棉、油生产基地，农业发达，农业面源污染严重，2017 年，区域内农业面源产生的化学需氧量、氨氮、总氮、总磷排放量占据全省污染排放总量的 56%。另外，江汉平原发达的水产养殖业导致湖泊的内源污染严重，水体富营养化明显。超负荷的污染物排放是导致江汉平原水生态环境破坏的重要因素。

4. 缺乏生态水利调度

江汉平原水系发达，湖泊广布，水利工程众多，这些水利工程建成后，在供水、灌溉、航运和发电等多个方面发挥了积极效应，为确保江汉平原区粮食安全、防洪安全和促进社会生产生活发展、建设等方面做出了重要贡献。但是由于建设年份较早，大多数水利工程在生态方面考虑不足，随着经济社会发展，其对生态环境的不利影响逐渐显现，河道内生态环境需水量保障程度不高，部分河道出现断流现象等，水利工程生态水利调度等方面的薄弱点日益突出。

第三节 理念与思路

江汉平原的水生态环境，在长江经济带发展中具有重要地位。2018 年 4 月，习近平总书记在视察湖北、湖南省时强调"治好长江之病还是用老中医的办法，追根溯源、分类施策。开展生态大普查，系统梳理隐患和风险，对母亲河做一个大体检。祛风驱寒、舒筋活血、通络经脉，既治已病，也治未病，让母亲河永葆生机活力"。这为我们修复江汉平原的水生态指明了方向。

江汉平原健康河湖的水生态具体表现：能正确处理好人与自然和谐的关系，保持生物多样性；在正常情况下，具有足够的、优质的水量供给，并能够为水生生物提供良好的水生生境及栖息场所；充分发挥大自然的自我修复能力，在受到外界干扰破坏时，能够自行恢复并维持良好的生态与环境；统筹水资源、水环境、水生态综合治理，构建生态良好的水系网络，水体的各种功能发挥正常，能够在生态与环境可承受的范围内，可持续地满足人类需求，不对人类健康和经济社会发展的安全构成威胁或损害。

保障江汉平原水安全，推动江汉平原湿地可持续利用。首先要做好顶层设计，在依法治水管水上提档升级，科学编制规划，进一步完善河湖管理机制，在江汉平原全流域范围内建立健全联动机制，加强流域上下游、左右岸、干支流各政府、各部门之间联合行动。增强江汉平原地区水生态监测、评估及监管能力，以信息化带动综合管理现代化，进一步完善技术支撑体系，全面提升水利服务能力和水平。为保障江汉平原水安全，需将江汉平原作为一个整体，全面谋划产业布局、资源开发与水生生物多样性保护，科学调度水资源，保障基本生态用水，开展系统性保护和修复，构建流域水生生物多样性保护网络，实施水生生物增殖放流、栖息地修复、迁地保护、生态通道修复等措施，实现江湖连通、水陆统筹、生态良好，提高保护工作的全面性、系统性和科学性。

一、处理好人与自然和谐的关系，维持良好生态环境

"人水和谐论"是辩证唯物主义哲学思想关于"人与自然协调发展"论断的具体体现，蕴含着重要的辩证唯物主义哲学思想。人水和谐是处理人与水关系的必由之路，共同维系人水和谐是支撑可持续发展、构建和谐社会的重要保障和具体体现。在江汉平原的水生态保护与修复的过程中，要摒弃以往"人水相斗""人定胜天"的思想，把"人水和谐""人与自然的和谐"的理念贯穿始终。

（一）必须立足人与自然是生命共同体的科学自然观

人与自然是生命共同体，人类必须尊重自然、顺应自然、保护自然。人类只有

遵循自然规律才能有效防止在开发利用自然上走弯路，人类对大自然的伤害最终会伤及人类自身，这是无法抗拒的规律。坚持节约优先、保护优先、自然恢复为主的方针，构建人与自然和谐发展新格局。

（二）必须树立绿水青山就是金山银山的绿色发展观

"绿水青山就是金山银山"，深刻揭示了发展与保护的本质关系，更新了关于自然资源的传统认识，打破了发展与保护对立的思维束缚。保护生态就是保护自然价值和增值自然资本的过程、保护经济社会发展潜力和后劲的过程。

（三）必须把握统筹山水林田湖草系统治理的整体系统观

生态是统一的自然系统，是各种自然要素相互依存而实现循环的自然链条。人的命脉在田，田的命脉在水，水的命脉在山，山的命脉在土，土的命脉在树。必须按照生态系统的整体性、系统性及其内在规律，统筹考虑自然生态各要素、山上山下、地上地下以及流域上下游，实行整体保护、宏观管控、综合治理，增强生态系统循环能力，保持生物多样性，维护生态平衡。

（四）人类必须要树立珍惜自然资源、可持续发展大局观

牢牢把握"从改变自然、征服自然转向调整人的行为、纠正人的错误行为"的治水总纲，由"以人为中心"和人控制自然、统治自然、快速消费和享乐主义的价值理念，转变为以人为本、全面、协调、可持续发展的理念。倡导和培养人们节能减排、物尽其用的节约意识，改变消费习惯，转变消费观念，建立有利于可持续发展的生活方式，推动形成绿色发展方式，形成环境友好型消费习惯，推进节水减排，在改造自然满足人类需要的同时，约束人类自身的行为，维护自然和谐与稳定。

二、为水生生物提供良好的水生生境

水资源是人类宝贵的自然资源、经济资源、战略资源，但水多、水少、水浑、水脏都会对人类的发展造成威胁，对水资源的开发利用应保持在合理水平，忌过度开发和不合理利用。通过工程措施及非工程措施保护水生态空间，优化水资源配置与调度，保障河湖水质水量，改善水动力条件，为生态系统提供良好的资源条件，为水生生物提供良好的水生生境。

　　对江汉平原来说，要修复水生态系统，为水生生物提供良好的水生生境，首先应客观评价各个重点区域的水环境和水生态承载能力，制定全面的水资源综合规划，其中包括防洪、供水、水资源保护和水生态修复等内容。统筹考虑生活、生产、生态用水需求，在防止水对人伤害的同时，又要避免人对水的过度伤害。

　　加大长江江豚、中华鲟、达氏鲟等珍稀濒危、特有物种产卵场、索饵场、越冬场、洄游通道等关键栖息地保护力度。根据保护需要，在重要水生生物栖息地划定自然保护区、种质资源保护区、重要湿地，将各类水生生物重要分布区纳入保护范畴。加强自然保护区能力建设，改善自然保护区管护基础设施，强化保护区管理，切实有效发挥保护区功能。定期对自然保护区人类活动进行遥感监测和实地核查。在科学评估基础上，根据保护和管理实际，整合现有资源，适时调整部分保护区范围、分区与等级。严格执行禁渔期、禁渔区等制度，逐步扩大制度落实范围，坚决打击非法捕捞行为。

　　开展水生生物关键洄游通道研究，实施水生生物洄游通道和重要栖息地恢复工程。采取增殖放流（图6-10）、生态调度、灌江纳苗、江湖连通等修复措施，推进水生生物洄游通道修复工程、产卵场修复工程和水生生态系统修复工程的实施。强化外来物种入侵防治，定期评估入侵状况，建立外来物种入侵防控预警体系。

图6-10　增殖放流

加强河湖水系生态修复，经科学评估及合理规划，对具备条件的涉水工程实施生态化改造。科学实施水生生物增殖放流，强化区域生态承载力研究，强化和规范增殖放流管理，加强增殖放流效果跟踪评估，严控无序放流，严禁放流外来物种，确保放流效果和质量。

加强对水利水电、挖砂采石、航道疏浚、城乡建设、岸线利用等涉水工程的规范化管理，严格执行环境影响评价制度，对水生生物资源生态环境造成破坏的，应当采取相应的保护和补偿措施。严格管控破坏珍稀、濒危、特有物种栖息地，超标排放污染物，开（围）垦、填埋、排干湿地等对水环境和水生生物造成重大影响的活动。

三、充分发挥大自然的自我修复能力

水生态系统包括生物群和水成土壤，是陆地、流水、静水、河口系统中各种沼生、湿生区域的总称。

任何一个物种都是自然界的生灵，有自己的产生、发展、消亡的规律，也对环境有自己的适应性。水生态系统中充满着残酷的生存竞争，优胜劣汰，实践证明，只要人类不对环境过度刺激，许多水体都会出现自己的生态系统，能在没有人力干预的情况下，通过自然界的动态平衡和动植物以及微生物等共同作用，使遭到毁坏的一个区域的自然面貌得到恢复。休养生息是对生物恢复的最好方式。让水生生物休养生息，也是江汉平原水生态修复的最好方式。

目前，提倡的和谐自然与和谐社会就是针对人类活动方式要尽可能少地给本来已经很脆弱的地球环境造成更加严重的损害。2006年2月14日，国务院正式颁布了《中国水生生物资源养护行动纲要》，明确规定"通过采取闸口改造、建设过鱼设施和实施灌江纳苗等措施，恢复江湖鱼类生态联系，维护江湖水域生态的完整性"，全国设立部分修复试点湖泊，其中包括江汉平原的涨渡湖、洪湖等，目的是修复破碎的河湖复合生态系统，恢复鱼类洄游通道，还鸟类栖息家园，保障区域生态安全；同时推广生态渔业、生态旅游等湿地资源的可持续利用模式，确保区域经济的可持续性发展，让人们安居乐业。重建江湖联系，恢复阻隔湖泊与长江的生态、水文季节性联系，从物种、生态各方面实现恢复河道和湖泊的生命，是湖北省平原湖区的重要任务之一，也是充分发挥大自然自我修复能力的重要内涵。

通过河湖的间歇利用、休养生息来提高大自然的自我修复能力，把适合以自然力量为主恢复生态的区域划分出来，重点打造修复示范区。应统筹考虑封山育林、退耕还林、退渔还湖、小流域综合治理、小水电代燃料、生态移民、水资源优化配置等工程对促进生态自我修复的作用。

四、统筹水资源、水生态、水环境综合治理，构建水系网络

水生态修复是一个极其缓慢而又复杂的过程，措施也多种多样。水利工程不仅要满足人类的需要，同样也担负重要的生态职能。需把生态文明理念融入水资源开发、利用、治理、配置、节约、保护的各方面和水利规划、建设、管理的各环节。在工程规划、设计和运营管理过程各个环节，应将水生态修复作为一项重要内容予以充分考虑。

统筹水资源、水生态、水环境综合治理要体现在工程设计的每个阶段。在工程规划设计阶段，要科学论证工程对生态环境的正面作用和负面影响，综合考虑除害与兴利的关系，同时留足生态用水，提高水体自然净化能力。确定生态基流，设立鱼道或过鱼设施等。在工程建设阶段，要结合中小河流治理、水土保持、农村沟渠整治、城市防洪工程建设开展水生态保护与修复。在水利工程调度上，要变洪水调度为洪水和资源结合调度，变汛期调度为全年调度，变水量调度为水量水质统一调度，充分发挥水利工程调度在水生态保护方面的作用，以动治静、以丰补枯，加快河网水体循环，改善水体水质。重点针对汉江中下游水华问题，加强面向水华防控的汉江河道内生态需水量专题研究，以及基于汉江生态需水的丹江口水库生态调度研究，加强丹江口水库生态调度，下放适宜生态流量，积极防控汉江中下游水华。

江汉平原地区湖泊众多，应予以特别关注。区分城市型湖泊和农村型湖泊，根据湖泊的主要生态服务功能，确定不同的水环境治理、水生态修复及水文化景观提升建设方案，以武汉市东湖、黄石市磁湖等代表性城市湖泊，梁子湖、洪湖等代表性农村湖泊为典范，积极推广水生态保护与修复先进技术，不断提升江汉平原湖泊生态健康状况。在江汉平原加快实施"一江三河"水生态治理与修复、汉江生态经济带建设引隆补水、四湖流域河湖连通等重点江河湖库水系连通工程，实现江河湖泊水系循环畅通，维护河湖生态健康。从协调经济社会发展与河湖水系互馈关系、促进经济社会可持续健康发展的角度出发，遵循生态安全屏障的需要，构建布局合理、生态良好、引排得当、循环通畅、蓄泄兼筹的河湖水系连通格局，打造生态水网，加强生态水力调度，维护良好水生态环境。

第七章

/ 水安全战略工程 /

武汉江滩

江汉平原水系发达、河湖众多，各项水利
工程星罗棋布。依托长江、汉江水资源优势，
结合区域水利工程基本情况和水利发展存在的
主要问题，科学布局重大水安全战略工程，为
保障江汉平原经济社会发展和百姓安全增添安
全锁、防水墙，成为湖北水利人责无旁贷的历
史使命。

第一节　工程布局思路

江汉平原水网发达，众多大江大河从中穿流而过。长江、汉江、东荆河等众多河流将其分割成多个区域，主要包括汉北区、汉南区、四湖区、荆南四河区、鄂东南水网区、鄂东沿江平原区等。

依托长江、汉江水资源优势，结合区域水利工程基本情况和水利发展存在的主要问题，科学布局江汉平原重大水安全战略工程。主要按照以下原则进行工程布局：

（1）尊重自然

充分考虑江河湖库自然属性，顺应自然发展规律，按照人与自然和谐共生理念谋划工程。

（2）尊重历史

现有的水利工程格局是经过多年的治理形成的，工程布局在尽量维持现有格局的基础上进行完善、优化。

（3）统筹兼顾

围绕区域水安全战略的总体要求，兼顾不同分区水安全问题的差异化，系统谋划施策。

（4）因地制宜

根据各分区地形特点、水利工程布局和水资源分布情况，科学布局工程，合理利用水资源。

　　水安全战略工程主要包括防洪保安工程、水资源利用工程等。其中重大防洪保安工程包括大江大河治理、分蓄洪区建设等；重大水资源利用工程根据各分区特点进行布局，主要包括一江三河水生态治理与修复工程、引隆补水工程、引江济汉工程、中国农谷水系连通工程、四湖水系整治连通工程、荆南四河引水工程、鄂东南湖泊水网连通工程等。此外，位于江汉平原外围的引江补汉太平溪自流引水工程，可以将丰富的三峡水库水资源引入汉江丹江口水库坝下，为汉江下游的江汉平原提供可靠的水资源保障，是一项骨干水资源配置工程。

　　江汉运河见图7-1。江汉平原重要水安全战略工程分布图见图7-2。

图7-1　江汉运河

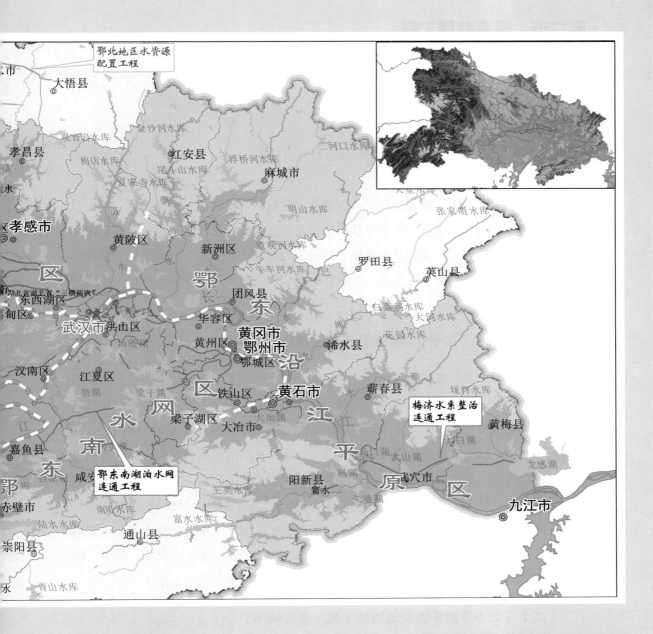

图 7-2　江汉平原重要水安全战略工程分布图

第二节 重点战略工程

一、大江大河治理

江汉平原河流众多，长江、汉江、沮漳河、府澴河、汉北河、荆南四河、富水以及倒水、举水、巴水、浠水、蕲水等从中穿过。长江和汉江是江汉平原最重要的两条河流，经过多年的建设，堤防基本达标，但受上游建库清水下泄、水位变幅加剧等多种因素的影响，导致下游河势不稳，严重影响两岸堤防防洪安全和供水安全，亟须采取措施进行整治。

（一）长江中下游干流河道治理工程（湖北）

经多年治理，长江堤防基本达标。但随着三峡水库的蓄水运用、上游干支流控制性水库陆续建成运用以及长江航运的发展，长江中下游干流河道在新形势下出现许多新问题。随着上游三峡水库等干支流水库的蓄水运用将显著改变来水来沙条件，一方面会使中下游干流河道面临长时期、长距离、大幅度冲刷的严峻新形势，另一方面也会使三峡水库坝下游河道出现枯水位下降且持续时间延长的问题，水生态安全及供水安全受到影响，对江汉平原的影响首当其冲。此外，江汉平原社会经济的发展对洲滩、岸线及河道砂石资源的利用也提出了越来越高的要求。因此，进行长江中下游干流河道治理，通过实施护岸加固、护底（滩）、疏挖（含疏浚及切滩）、潜坝、潜堤、圈围等工程措施，可以稳定河势，保障江汉平原长江两岸防洪、供水安全。

（二）汉江中下游干流河道治理工程（含东荆河）

经过多年的治理，汉江中下游总体河势已得到初步控制，但是还存在现有河势控制工程建设标准明显偏低问题。且随着丹江口大坝加高运行以及汉江中下游王甫洲、雅口、兴隆等梯级建成，汉江河道进一步渠化，工程运行后会使局部河势变化加剧，引起新的崩岸险情和河势格局的变化。此外，汉江下游分流河道东荆河治理明显滞后，不仅影响东荆河自身的防洪安全与供水安全，同时增加了泽口以下汉江干流段的防洪压力。通过对实施汉江中下游干流河道治理工程（含东荆河），可以保障汉江中下游干流尤其是位于其下游的江汉平原沿江两岸防洪安全，稳定河势，促进沿江社会经济持续快速发展。

二、分蓄洪区建设

为防御长江流域1954年型洪水，保障重点地区防洪安全，江汉平原长江、汉江沿岸布置了众多分蓄洪区，其中长江的荆江分蓄洪区、杜家台分蓄洪区这两个蓄洪区自从分洪闸建成后发挥了削减洪峰、蓄纳超额洪水、降低江河洪水位的作用。从1996年、1998年的防汛实践来看，长江防洪的突出矛盾主要集中在城陵矶附近地区，需建设好能及时吸纳100亿立方米超额洪水的分蓄洪区。根据湖南湖北对等的原则，选定洞庭湖和洪湖分蓄洪区进行分割，划出一块优先安排建设，湖北片区优先安排的即为洪湖东分块分蓄洪区。

武汉附近分蓄洪区是保障武汉市防洪安全的重要设施，规划有杜家台，西凉湖、武湖、涨渡湖、白潭湖、东西湖等6处分蓄洪区需进行堤防建设和安全设施建设，其中优先安排杜家台分蓄洪区。

洪湖东分块分蓄洪区和杜家台分蓄洪区是江汉平原最重要的两个蓄滞洪工程，作用显著，应抓紧实施。

（一）洪湖东分块分蓄洪区

洪湖东分块分蓄洪区位于长江中下游干流北岸，是洪湖分蓄洪区的重要组成部分，是处理城陵矶地区超额洪水、保障荆江大堤、武汉市防洪安全的一项重要工程设施。工程的主要任务是分蓄1954年型洪水在城陵矶附近区的超额洪量，并减少分洪损失，保证重点地区防洪安全。工程建设主要包括蓄滞洪工程和安全建设工程。

蓄滞洪工程建设任务为新建、加固堤防，修建护岸、护坡工程和防汛道路，水系恢复及河道疏浚，修建进洪闸和退洪闸，新建、加固穿堤建筑物等。主要工程项目包括：新建腰口隔堤长25.574千米；新建套口进洪闸、补元退洪闸；还建有腰口泵站和高潭口二站；新建内荆河和南套沟节制闸；新建新滩口泵站保护工程；东荆河堤和洪湖主隔堤加固；水系恢复工程等。

江汉平原重要分蓄洪区位置示意图见图7-3。

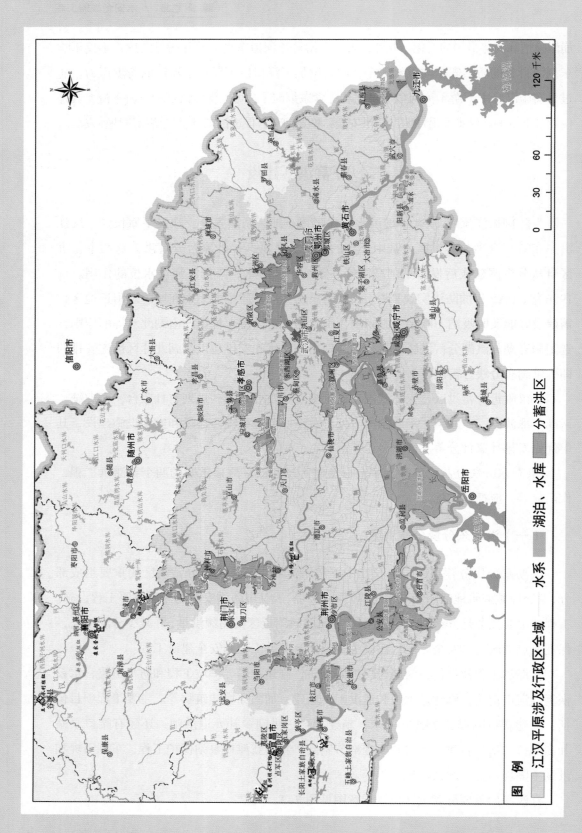

图 7-3 江汉平原重要分蓄洪区位置示意图

图 例

江汉平原涉及行政区全域　　水系　　湖泊、水库　　分蓄洪区

0　　30　　60　　120 千米

安全建设工程主要包括安全区工程建设，新建新滩安全区，总面积 69 平方千米，围堤总长度 40.609 千米，建设围堤穿堤建筑物，整治渠道 30 条，规划安置转移道路 130 条等。

（二）湖北省杜家台分蓄洪区

杜家台分蓄洪区是汉江下游和长江中游防洪体系的重要组成部分，对保护汉江下游和武汉市的防洪安全具有十分重要的作用。目前，杜家台分蓄洪区存在围堤不达标、穿堤建筑物病险多、安全建设标准低、通信设施落后等问题，不能满足及时启用分蓄洪区的需要。工程建设主要包括蓄滞洪工程和安全建设工程。

蓄滞洪工程主要包括加培堤防 112.53 千米，拆除堤防 5.15 千米，新建堤防 4.87 千米，填塘固基 139 处 75.74 万平方米；穿堤建筑物 41 座（其中拆除重建 36 座，维修加固 5 座），新建汤台闸，拆除重建纯良岭闸，新建竹林湖泵站和临时分洪口门；新建堤防防汛道路 163.13 千米，新建防汛连接路 27.5 千米。

安全建设工程：新建安全区 1 处，新建安全区围堤 7.9 千米，加固安全区围堤 9.31 千米，新建穿堤建筑物 9 座，加固涵闸 2 座，重建涵闸 1 座，堤顶泥结石路面 17.21 千米，转移道路 36 条 121.95 千米；新建桥梁 5 座，改建桥梁 37 座；箱涵接长 4 座；泵站保护 25 座等。

三、重大水资源利用工程

江汉平原范围广，为满足各区域生产、生活、生态需水要求，需结合汉北、汉南、荆南、四湖等区域具体情况，实施影响长远的水资源战略工程。主要包括中国农谷水系连通工程、一江三河水生态治理与修复工程、引隆补水工程等。

（一）中国农谷水系连通工程

中国农谷水系连通工程位于江汉平原北部边缘，主要包括荆门汉东水系连通工程和汉西水系连通工程。

1. 荆门汉东水系连通工程

主要解决汉江以东区域灌溉水源不足及屈家岭等城镇缺水问题。工程规划供水范围西起汉江钟祥段、东达京山县金泉镇（随岳高速）、北及虎爪山（武荆高速）、南至天门北部丘陵区部分地带，主要供水对象为屈家岭管理区、沿线乡镇生活和工业供水用水，以及补充石门、石龙、大观桥、吴岭等大中型水库灌区灌溉用水。水系连通线路为：从汉江钟祥段建一级泵站提水（扬程约 8 米）→二级泵站提水（扬程约 5 米）入石门干渠→三级泵站提水（扬程约 30 米）入何家垱水库→向东自流入石龙水库（66.75米，括号中数字为正常蓄水位，下同）→自流入吴岭水库（64.0 米）、大观桥水库（61 米）。线路全长 56.484 千米，渠首设计流量 21.5 立方米每秒，多年平均引水量 1.44 亿立方米。

2. 荆门汉西水系连通工程

主要依托荆门市汉西地区现有水源条件，通过水系连通、水资源科学调度等措施，满足荆门市城区应急供水、汉西地区农田灌溉用水、城区生态环境需水要求，以水资源的可持续利用支撑当地经济社会可持续发展。工程建设可以保障荆门城区 60 万居民饮水安全，同时兼备改善竹皮河水生态环境，保障沿岸 15 万人、20 多万亩耕地用水安全。引水线路为：从汉江碾盘山库区沿山头闸引水至郑家湾一级泵站，提水经 4.63 千米渠道至二级泵站，再经漳河四干渠 6.3 千米输水渠，至钟祥铜钱山水库、寨子坡水库，最终引水自流至江山电站水库。线路总长 47.2 千米，年规划调水量 1.4 亿立方米，引水流量 4.5 立方米每秒。该工程目前基本建成，开始发挥效益。

中国农谷水系连通工程的实施可为荆门汉东、汉西地区城乡生活、工业、灌溉、生态等方面提供可靠的水安全保障。

中国农谷水系连通工程示意图见图 7-4。

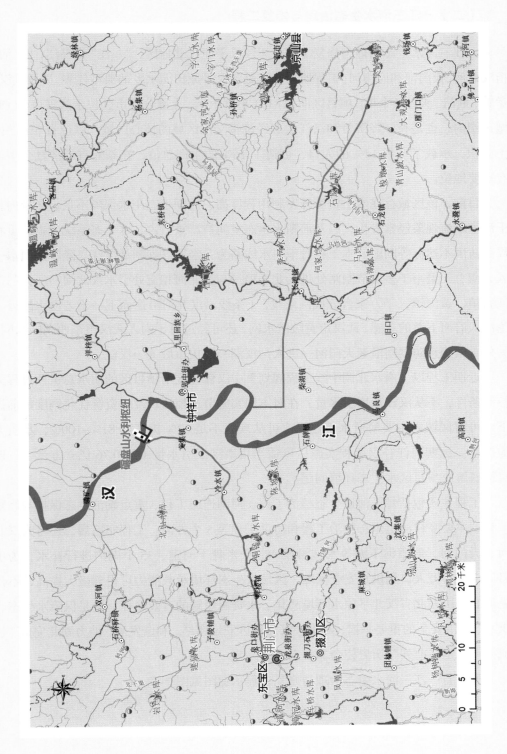

图 7-4 中国农谷水系连通工程示意图

（二）一江三河水生态治理与修复工程

一江三河水生态治理与修复工程位于江汉平原汉北地区，"一江"指汉江，"三河"指汉北河、天门河和府澴河。工程所在区域是江汉平原田园水乡的典型代表，涉及武汉、孝感、荆门、天门4个市。项目区面积8191平方千米，大部分县市区位于武汉市"1+8"城市圈内，也是长江经济带和汉江生态经济带交汇区域的核心区域，以全省5%的国土面积，承载了全省14%的人口，创造了16%的生产总值，在湖北省经济社会中占有重要地位。

目前，该区域存在水土资源开发利用程度高、河湖生态用水保障不足、区域内骨干河道断流现象经常发生，以及河湖水生态空间被严重挤占、水生态系统受损严重和局部防洪不达标等问题。本工程骨干引水线路为：经罗汉寺闸从汉江兴隆库区引水→入天南总干渠→于多宝节制闸处进天北干渠→与汉北河相交处引水汉北河→经天门市渔薪镇、黄潭镇，于万家台分成两条线，1条线沿汉北河沿途而下→于老涢水故道、沦河入府河下游的孝感、武汉市黄陂区水网，还可经过总干沟入武汉市东西湖区水网；另外1条线经防洪闸沿老天门河→进入汈汊湖→汉川市城关→汉江。

近期工程以《南水北调中线工程规划》中汉江分配给项目区的用水总量及过程为控制条件，不从汉江新增引水量，在对本地实施节水控污以及水资源优化调度的前提下，可将区域内主要河道水质达标率可从现状不足62%提高到81%~100%，水质大为改善。远期引江补汉工程实施后可适当新增汉江引水量（约0.76亿立方米），即可彻底解决项目区水生态环境问题。

工程主要包括骨干河道生态整治工程、河湖连通工程、重点湖泊生态保护与修复工程、主要乡村河道生态整治工程和防洪工程等5个方面。工程实施后，还可为汉北河、天门河、府澴河下游等水域沿线483千米骨干河道、35个湖泊进行补水，为项目区700多万人口提供水安全保障，区域水生态环境承载能力可得到极大提高，不仅是彻底解决湖北省汉北平原水环境恶化、水资源短缺的有效途径，更是保障水生态、供水、防洪安全的重要举措，对维护汉北地区安定团结、和谐发展，助力湖北完成"建成支点、走在前列"历史使命非常重要。

湖北省一江三河水生态治理与修复工程示意图见图7-5。

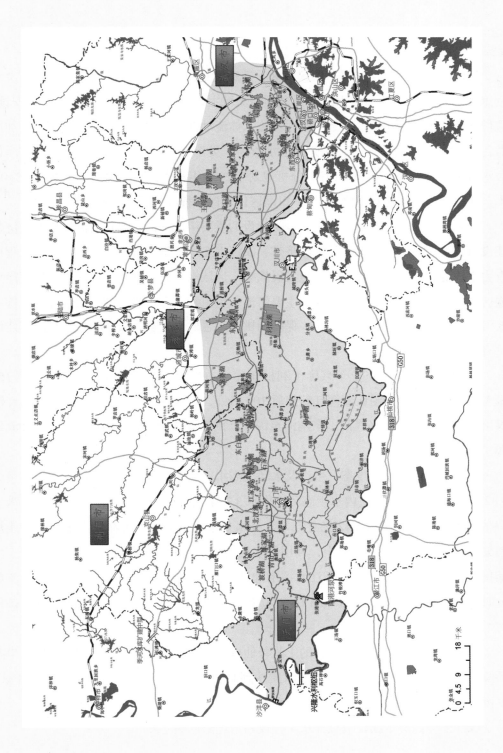

图 7-5 湖北省一江三河水生态治理与修复工程示意图

（三）引隆补水工程

引隆补水工程位于江汉平原汉南区，通顺河是该区域的一条骨干河流，但历次水资源规划和南水北调中线规划中，对通顺河流域主要河流水生态环境用水基本无安排，流域内自产水可利用率低，致使区内河流水体流动性差，水环境容量严重不足，加之截污控污措施不力，区内大部分河道水质为Ⅴ类至劣Ⅴ类。2005年以来，汉江泽口段水位下降0.5米，大大超过预期。分析规划年2030年其水位较原规划水位下降0.8~0.9米，泽口闸引水能力将下降2/3，泽口灌区供水保证程度将显著降低。

通顺河流域是湖北省汉江生态经济建设的重要组成部分，通顺河流域生态经济带建设可作为先行示范区促进长江经济带、汉江生态经济带规划实践，引隆补水工程可有力支撑通顺河流域经济社会绿色发展战略、区域水乡田园城市建设战略，恢复泽口灌区供水保障程度，保障通顺河等主要河流水生生物水力生境条件、增强通顺河等主要河流水环境容量并改善其水质，保障仙桃市应急供水安全，对区域生态经济带建设具有重要的支撑作用。

工程输水线路起点位于兴隆水利枢纽库区右岸上游2千米处（兴隆闸左侧150米），终点位于泽口灌区新深江新闸后100米处，输水管线沿兴隆河左岸穿越引江济汉出水渠，向东南穿兴隆河、东荆河至深江新闸后。线路总长44.10千米，设计流量40立方米每秒。

在考虑生活、最小生态、生产及水环境需水后，引隆补水工程多年平均引水量为3.82亿立方米，其中河道内水生态环境供水3.78亿立方米，农业供水0.04亿立方米。特枯水年补充农业用水0.42亿立方米。补水量组成主要为：①在原南水北调中线规划分配给泽口灌区水量指标中，利用节水措施后节余水量0.69亿立方米；②进一步挖掘引江济汉工程潜力，从长江水源增加补水水量2.61亿立方米；③从汉江干流部分时段富余水量中增供水量0.53亿立方米，其中汉江干流流量大于800立方米每秒时增供水量0.51亿立方米。

引隆补水工程实施后，将有助于改善仙桃市、武汉市蔡甸区及汉南区流域水生态环境，使通顺河流域主要骨干河流水质达到Ⅲ类，也可改善泽口灌区灌溉面积178.6万亩，使泽口灌区灌溉保证率有效提高。

汉江生态经济带建设引隆补水工程规划示意图见图7-6。

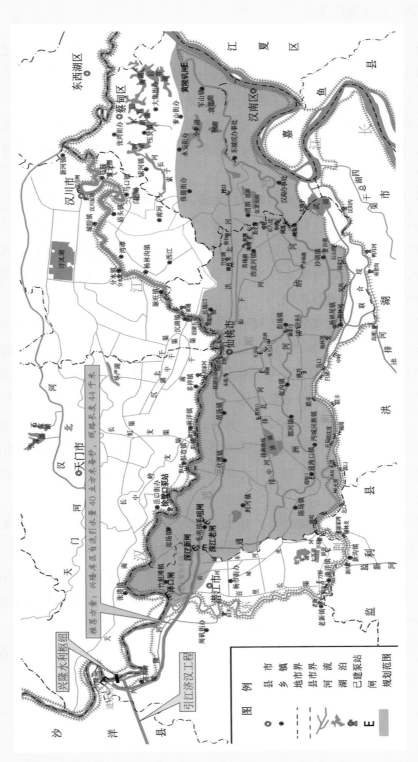

图 7-6　汉江生态经济带建设引隆补水工程规划示意图

（四）引江济汉工程

引江济汉工程位于江汉平原西北区域，作为南水北调中线水源区工程之一，是从长江上荆江河段附近引水至汉江兴隆河段补济汉江下游的一项大型输水工程，工程于2014年9月26日正式通水。工程的主要任务是向汉江兴隆以下河段（含东荆河）补充因南水北调中线调水而减少的水量，同时改善该河段的生态、灌溉、供水和航运用水条件，对促进湖北省经济社会可持续发展与汉江下游地区的生态环境修复和改善具有重要意义。

引江济汉工程项目区包括四湖上区治涝区，行政区划隶属于荆州市的荆州区、沙市区和荆门市的沙洋县，以及省直管市潜江市，还有省管农场沙洋农场和国家大型企业江汉油田，荆州古城也位居区中。项目区经济以农业为主，是湖北省灌溉农业最发达的地区之一。项目区所涉及的23个乡镇，国土面积2385平方千米，农业人口85万，农业生产水平在全省位居前列。

引江济汉工程干渠渠首位于荆州市李埠镇龙洲垸长江左岸江边，干渠线路沿北东向穿荆江大堤（桩号772+150），在荆州城西伍家台穿318国道、红光五组穿宜黄高速公路后，近东西向穿过庙湖、荆沙铁路、襄荆高速、海子湖后，折向东北向穿拾桥河，经过蛟尾镇北，穿长湖，走毛李镇北，穿殷家河、西荆河后，在潜江市高石碑镇北穿过汉江干堤入汉江（桩号251+320）。引水干渠全长67.23千米，进口渠底高程26.1米，出口渠底高程25米，干堤渠底纵坡1/33550，渠底宽60米。龙洲垸进口为自流引水与泵站提水相结合的枢纽工程，引水设计流量350立方米每秒，最大流量500立方米每秒。

引江济汉工程受益范围较大，为江汉平原已经建成的一项重要的战略供水工程。供水具体范围为汉江兴隆河段以下河道外的7个城市（区）（潜江市、仙桃市、汉川市、孝感市、东西湖区、蔡甸区、武汉市城区）和6个灌区（谢湾灌区、泽口灌区、东荆河灌区、江尾引提水灌区、沉湖灌区、汉川二站灌区），共计645万亩耕地、889万人的生产生活需水，以及河道内生态、航运需水。

运行以来，多年平均供水量近40亿立方米，为受益区提供了可靠的水源保障。

引江济汉工程线路示意图见图7-7。

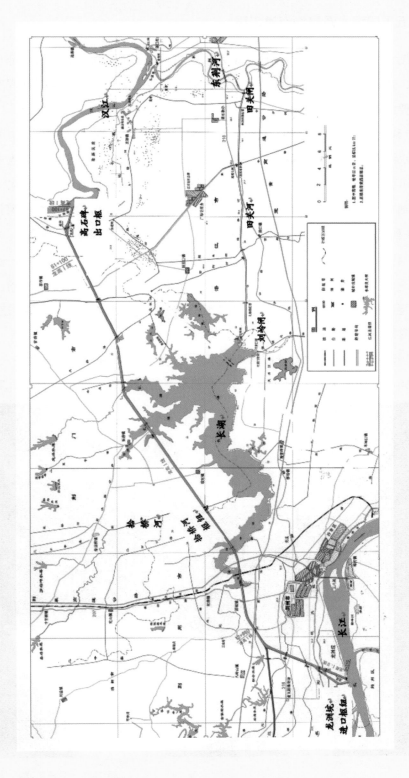

图 7-7　引江济汉工程线路示意图

（五）四湖水系整治连通工程

四湖水系整治连通工程以现有渠系、湖泊、水利工程为主，通过内部水系的整治和连通，达到改善区域水环境、水生态，提高农业灌溉、人畜用水保证程度为目的。

主要的补水线路有三条：

1）利用沮漳河上现有的万城闸和拦河橡皮坝引水，对长湖和四湖中下区补水。近期引水线路为万城闸—南灌渠—港南渠—护城河—长湖。待水系整治连通后，引水线路也可为万城闸—南灌渠—港南渠—护城河—荆沙河—荆襄河—西干渠。

长湖来水经习家口和刘家岭闸，分别向四湖总干渠和田关河—东荆河补水。

2）利用已经建成的引江济汉工程，向长湖和四湖中下区生态补水。

3）利用现有长江干堤上的洪湖新堤大闸，在江鱼洄游、苗化期（4—6月）择机对洪湖进行生态补水，达到灌江纳苗、补充洪湖生物量（多样性）的目的。

主要工程建设内容包括四湖内部港渠的疏挖整治，水系连通、调整，建筑物整治，以及白鹭湖的恢复等。

工程建成后，将极大改善四湖地区水生态环境，为区域经济的发展注入强大动力。

现场考察四湖水利工程见图7-8。四湖水系整治连通工程示意图见图7-9。

图7-8　现场考察四湖水利工程

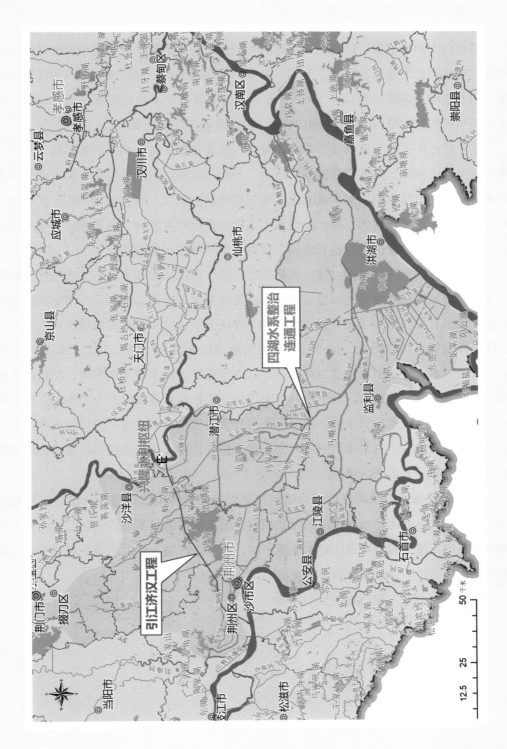

图 7-9 四湖水系整治连通工程示意图

（六）荆南四河引水工程

荆南四河指松滋河、虎渡河、藕池河和调弦河，是四条长江分流至洞庭湖的分流河道。现状调弦河建闸后淤堵，常年不分流。荆南四河位于洞庭湖湖区，荆江河段以南。湖北省洞庭湖区自然面积3952平方千米，涉及荆州市的松滋市、石首市、公安县和荆州区的弥市镇，总人口190.31万，耕地面积320.63万亩。

受三峡水库运行、江湖关系深刻调整、气候变化和人类活动等因素影响，荆南三河松滋河、虎渡河、藕池河分流概率减少，年断流时间达180天左右，加上调弦河常年不分流，使得洞庭湖入湖水量减少，河湖湿地功能退化，水体污染加剧，水资源平衡遭到破坏，湖区正常的生产、生活和生态用水受到严重影响，亟须采取科学系统的综合治理措施，解决区域日益恶化的水资源、水环境和水生态问题。

在加强流域水污染防治力度，实施截污控污、面源防治和水生态治理与修复的基础上，为增加流域水资源的承载能力，有必要开展水系连通工程建设，增加区域的引水量。根据有关规划拟建设荆南四河引水工程，引水口位于洞庭湖流域四口水系上游宜都市枝城镇洋溪村附近，位于长江干流松滋河口上游25千米。进口段拟通过隧洞形式自流引水，规划引水流量200～300立方米每秒。输水段采用明渠，经松西河支流庙河注入松西河，出水口位于松西河太山口（距松滋市县城以上2千米）。在松西河下游兴建拦河工程抬高水位，通过苏支河分流入松东河、通过中河口入虎渡河（利用南闸控制水位），利用闸口闸进入公安县总排渠，再经过藕池镇排水渠于藕池镇南新建穿荆南长江干堤闸入藕池河。

工程的实施可以在洞庭湖四口的河口之外另外开辟引水通道，可彻底解决松滋河、虎渡河及藕池河枯水期断流问题和洞庭湖枯水期需水量不足的问题，对改善洞庭湖四河流域及整个洞庭湖湖区的水资源短缺、水生态环境，保障当地工农业生产、饮水安全和社会经济发展具有重要意义。

荆南四河引水工程示意图见图7-10。

图 7-10 荆南四河引水工程示意图

（七）鄂东南湖泊水网连通工程

鄂东南湖泊主要包括梁子湖群、大东湖群、汤逊湖群、斧头湖群、花马湖群、磁湖、大冶湖及网湖群等。根据各湖群特征运用水位及地形情况分析，可在梁子湖群、大东湖群、汤逊湖群和斧头湖群建立湖泊群生态联系通道。

结合区内湖泊分布，取水口可布置在武汉长江余码头和青山港附近，采用提水和自流结合的方式对各湖补水。主要补水线路如下：

1. 梁子湖补水线路

主要在长江余码头处新建提水泵站和引水闸取水，充分利用现有的金水河部分河段，并新建约 20 千米引水渠，在梁子湖湖汊仙人湖处进入梁子湖，然后以梁子湖为中心，分别向梁子湖流域内部其他湖泊、汤逊湖群、大东湖群进行补水。梁子湖内部水系连通主要有三条线路：其一由梁子湖经豹澥湖、红莲湖、严家湖、五四湖后经薛家沟由樊口闸站进入长江；其二由梁子湖经长港进入长江；其三由三山湖进入洋澜湖后排入长江。

2. 汤逊湖补水线路

补水线路有两条：其一由海口泵站提长江水进入汤逊湖；其二从梁子湖引水后，通过在江夏五里界镇马场咀村处新建提水泵站，新建 3.5 千米引水渠进入汤逊湖，然后由巡司河直接入长江或入东湖后再入长江。

3. 大东湖补水线路

补水线路有两条：其一经汤逊湖来的长江水进入东湖；其二由长江青山港引水闸或曾家巷泵站对东湖补水，然后经北湖或严东湖进入长江。

4. 西凉湖、斧头湖、鲁湖补水线路

西凉湖、斧头湖补水线路主要在长江余码头处新建提水泵站和引水闸取水，经西凉湖后进入斧头湖，然后由金水河入长江。鲁湖补水由新建的梁子湖骨干引水渠在普安村分水入鲁湖，然后由金水河入长江。

该工程受益范围主要涉及武汉市（武昌区、洪山区、青山区、江夏区）、鄂州市（华容区、鄂城区、梁子湖区）、黄石市（大冶市）和咸宁市（咸安区、赤壁市和嘉鱼县）等 4 个地级市 11 个县市区，工程建成后可以保障鄂东长江以南梁子湖和金水流域及其之间的平原区用水需求。

鄂东江南四大湖群水网连通工程示意图见图 7-11。

图7-11 鄂东江南四大湖群水网连通工程示意图

（八）引江补汉太平溪自流引水工程

引江补汉太平溪自流引水工程位于江汉平原外围西北部，作为我国南水北调中线二期的水源工程，是一项国家级水资源配置战略工程，对实现南水北调中线工程和引汉济渭工程近远期调水目标，服务京津冀协同发展战略和长江经济带、汉江生态经济带发展战略具有重要作用。同时，该工程也是解决湖北省汉江中下游地区和江汉平原汉北、汉南、四湖区等区域水资源短缺的骨干战略工程，对实现"千湖之省，碧水长流"目标和湖北省经济社会可持续发展意义重大。

湖北省高度重视引江补汉工程，2011 年湖北省就编制完成了《引江补汉神农溪引水工程项目建议书咨询报告》，水利部水利水电规划设计总院对建议书进行了技术咨询。2015 年，在前期研究基础上，从湖北省实际需要出发，又研究提出了引江补汉太平溪自流引水方案，并将其作为主推方案。2017 年 5 月，湖北省政府领导与水利部领导进行了沟通，请求水利部对湖北省太平溪自流引水方案给予重点支持。2017 年 12 月，湖北省省长王晓东又向李克强总理汇报了引江补汉工程。2018 年初，湖北省委、省政府专题向党中央、国务院报告引江补汉工程，请求加快推进。湖北省人大、省政协也连续多年就引江补汉工程提出建议和提案，地方政府和社会各方面都一直在呼吁工程尽早实施。

引江补汉太平溪自流引水工程采用全程自流引水，取水口位于三峡水库左岸太平溪，进口设计水位 145 米。引水线路自进口开始沿丘陵岗地绕行，途经宜昌市夷陵区、远安县，襄阳市南漳县和谷城县，最后于丹江口水库坝下右岸 5 千米处安东河入王甫洲水库，线路全长 225 ～ 260 千米，出口设计水位 88.25 米。工程设计引水流量约 380 立方米每秒，多年平均引水量约 85.7 亿立方米，年最大输水能力约 120 亿立方米。线路沿程绝大部分为隧洞，占 95% 以上。平均埋深约 300 米，最大埋深 900 米，仅在少数河流、公路处兴建渡槽或倒虹吸。线路沿途可向 5 座大型水库、24 座中型水库及沿线河流补水，以保证区域内城镇、乡村生活、工农业生产和生态用水需要。湖北省内受益范围涉及 11 个地市，受益面积 5.49 万平方千米，占全省 29.6%；受益人口约 2615 万，占全省 44.4%；受益耕地 2307 万亩，占全省 55.2%。

引江补汉太平溪自流引水工程在确保南水北调中线调水量、保障国家粮食安全、兼顾区域协调发展、强化生态保护等方面具有重要的战略意义。

引江补汉太平溪自流引水工程示意图见图 7–12。

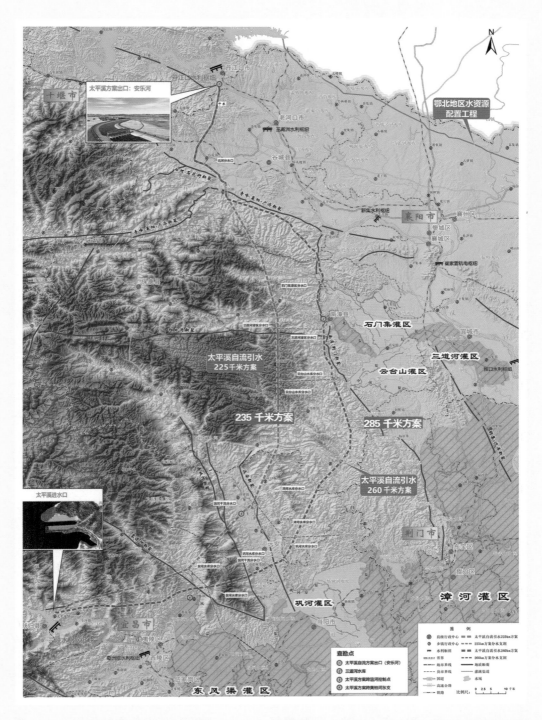

图 7-12 引江补汉太平溪自流引水工程示意图

参考文献

［1］水利部.水利发展改革"十三五"规划［R］.

［2］湖北省水利厅.湖北省水利发展"十三五"规划［R］.

［3］湖北省水利厅.2017年湖北省水资源公报［R］.

［4］湖北省环保厅.湖北省环境状况（2017年）［R］.

［5］湖北水利志编纂委员会.湖北水利志［M］.北京：中国水利水电出版社，2000.

［6］荆州市长江河道管理局.荆江堤防志［M］.北京：中国水利水电出版社，2012.

［7］吕忠梅.湖北水资源可持续发展报告（2012）［M］.北京：北京大学出版社，2012.

［8］吕忠梅.湖北水资源可持续发展报告（2013）［M］.北京：北京大学出版社，2013.

［9］吕忠梅.湖北水资源可持续发展报告（2014）［M］.北京：北京北京大学出版社，2015.

［10］邱秋.湖北水资源可持续发展报告（2015）［M］.北京：北京大学出版社，2016.

［11］董利民.江汉平原水资源环境保护与利用研究［M］.武汉：华中师范大学出版社，2016.

［12］［巴西］Benedito Braga，等.属于人类的未来：重新审视水安全［M］.吴敏，曹小欢，译.武汉：长江出版社，2015.

［13］［德］Bhupinder Dhir.植物修复：水生植物在环境净化中的作用［M］.赵良元，译.武汉：长江出版社，2016.

［14］［德］Paul Pechr，［荷］Gert E.de Vries.与水共生：动态世界中的水质目标［M］.黄茁，董磊，译.武汉：长江出版社，2017.

［15］何艳梅.中国水安全的政策和立法保障［M］.北京：法律出版社，2017.

［16］张宗祜，李烈荣.中国地下水资源［M］.北京：中国地图出版社，2015.

［17］陈曦，杨果.经济开发与环境变迁研究——宋元明时期的江汉平原［M］.武汉：武汉大学出版社，2008.

［18］［印度］特夏尔·沙阿.提高水安全：落实可持续发展目标的关键［M］.北京：中国水利水电出版社，2018.

［19］韩宇平，王富强，刘中培，等.区域安全的水资源保障研究［M］.北京：中国水利水电出版社，2013.

［20］许倍慎.江汉平原土地利用演变及生态安全研究［M］.北京：中国水利水电出版社，2015.

［21］马建华.加快推进流域水生态环境保护，着力构建美丽长江［J］.长江技术经济，2018（2）.

［22］郑守仁.三峡工程水库大坝安全及长期应用研究于监测检验分析［J］.长江技术经济，2018（3）.

［23］胡甲均，马水山.水利支撑长江经济带高质量发展的举措[J].长江技术经济，2018（3）.

［24］吴志广.河湖长制助推长江生态环境大保护的策略研究[J].长江经济技术，2018（3）.

［25］徐德毅.长江流域水生态保护与修复状况及建议[J].长江经济技术，2018（2）.

［26］陈敏.长江流域水库生态调度成效与建议［J］.长江技术经济，2018（2）.

［27］陈进.三峡水库建成后长江中下游防洪战略思考［J］.水科学进展，2014（5）.

［28］王忠法.让千湖之省碧水长流——关于湖北水利强省建设的思考［J］.中国水利，2014（12）.

［29］夏军，石卫.变化环境下中国水安全问题研究与展望［J］.水利学报，2016，47（3）.

［30］徐少军，李瑞清，常景坤.引江补汉工程的初步设想［J］.长江技术经济，2018（2）.

［31］彭婵，阚政，李凌宜，等.江汉平原水资源可持续利用评价［J］.湖北农业科学，2013，52（4）.

［32］罗少琦.江汉平原新农村建设中生态环境可持续发展研究［D］.武汉：华中师范大学，2017.

［33］杨雨蒙.江汉平原地形地貌与水系的空间关联关系研究［D］.武汉：华中师范大学，2017.

后 记

　　江汉平原，富庶辽阔，素有"鱼米之乡"的美誉，是我国田园水乡的典型代表。近三十年来，随着当地经济发展和人类活动影响的加剧，江汉平原在水资源、水环境、水生态、水灾害等方面出现了不同程度的问题。为破解这些水安全难题，笔者供职的湖北省水利水电规划勘测设计院围绕构建江汉平原安全可靠的防洪减灾体系、可持续利用的水资源配置体系、优美和谐的河湖健康体系，提高江汉平原国家商品粮基地地位，实现经济可持续发展，做了大量设计和研究工作。开展了武汉市城市圈"两型社会"生态水系工程、四湖流域综合治理工程、大东湖生态水网构建工程、南水北调中线引江济汉工程等大中型水利项目的勘测设计，以及引（长）江补汉（江）、一江三河水生态治理与修复、梁子湖流域综合治理、引隆补水等重大水利工程前期研究。获得了"菲迪克工程项目特别优秀奖""中国水利优质工程大禹奖""湖北省科技进步一等奖"等多项国际、省部级大奖，湖北水院人为江汉平原地区乃至全省的水生态文明建设贡献了力量。

　　当前，我国治水主要矛盾发生了深刻变化，已经从人民群众对除水害兴水利的需求与水利工程能力不足的矛盾，转变为人民群众对水资源水生态水环境的需求与水利行业监管能力不足的矛盾。为此，水利部部长鄂竟平在全国水利工作会议上提出"水利工程补短板，水利行业强监管"，这是当前和今后一个时期水利改革发展的总基调。纵观江汉平原水安全状况，既有短板之忧，也有监管之要。构建保障水安全的防洪减灾体系、水资源综合利用体系、水环境保护体系、水生态保护与修复体系和水安全管理体系，是今后一段时期的重要任务。按照习近平总书记"节水优先、空间均衡、系统治理、两手发力"治水总方针，通过不懈努力，我们终将在荆楚大地实现"布局科学、功能完善，工程配套、管理精细，水旱无忧、灌排自如，配置合理、节水高效，河畅水清、山川秀美，碧水长流、人水和谐"的美好愿景，让我们共同期待"千湖之省碧水长流"目标早日实现。

本书的编著、出版，目的是抛砖引玉，以期今后有更多关注江汉平原水安全问题的专家、学者参与进来共同研究，我们也期待更多、更优的研究成果问世。本书在调研、编写、出版过程中，得到了湖北省水行政主管部门和湖北省水利厅党组书记、厅长周汉奎，武汉大学党委常委、常务副校长谈广鸣，中国科学院院士、武汉大学水安全研究院院长夏军，武汉大学教授、博士生导师邵东国，生态环境部长江流域生态环境监督管理局原总工程师穆宏强等领导和专家的大力支持，湖北水院诸多技术人员也给予了大力协助，在此表示感谢。此外，在本书编著过程中也参考了众多文献，无法一一罗列，只将主要文献作为附件列出，也一并致谢。同时，限于能力、时间、条件等因素，本书还存在一定不足，敬请广大读者批评指正，以便再版时修订。

李晓清

2019 年 7 月 16 日